广东鳌峰山
森林公园植物

伍剑锋　郑雪霞　吴林芳　主编

華中科技大学出版社
http://press.hust.edu.cn
中国·武汉

图书在版编目（CIP）数据

广东鳌峰山森林公园植物 / 伍剑锋等主编. – 武汉:华中科技大学出版社, 2023.10
ISBN 978-7-5772-0290-7
Ⅰ.①广… Ⅱ.①伍… Ⅲ.①国家公园—森林公园—植物—江门 Ⅳ.①Q948.526.53

中国国家版本馆CIP数据核字(2023)第246123号

广东鳌峰山森林公园植物

伍剑锋 郑雪霞 吴林芳 主 编

GUANGDONG AOFENGSHAN SENLIN GONGYUAN ZHIWU

出版发行：华中科技大学出版社（中国·武汉）
武汉市东湖新技术开发区华工科技园
电话：（027）81321913
邮编：430223
出 版 人：阮海洪

策划编辑：段园园
责任编辑：段园园
责任监印：朱 玢
装帧设计：段自强

印 刷：广州清粤彩印有限公司
开 本：710 mm × 1000 mm 1/16
印 张：13.5
字 数：130千字
版 次：2023年10月 第1版 第1次印刷
定 价：128.00元

投稿热线：13710226636（微信同号）
本书若有印装质量问题，请向出版社营销中心调换
全国免费服务热线：400-6679-118 竭诚为您服务

广东鳌峰山森林公园植物

编委会

主　　编　伍剑锋　郑雪霞　吴林芳

副 主 编　黄国辉　邓焕然　吴振森　黄萧洒　张　蒙

编　　委　（以姓氏拼音为序）

卜凡霞　陈接磷　方池长　黄晓晶　黄治平

李绮恒　梁若琳　罗　尧　梅启明　石钰霞

杨诗敏　甄翠美　郑宇宁

编著单位　广州林芳生态科技有限公司

恩平市鳌峰公园管理处

前　言

森林是陆地生态系统的主体，是人类赖以生存和发展的物质基础。森林公园是以大面积人工林或天然林为主体建设的公园，是城市生态系统的重要组成部分，具有重要的生态效益和社会服务效益，在保护和利用自然资源及生物多样性方面发挥了巨大作用。森林植物群落是构成森林公园的主体，植物组成不仅影响群落结构的稳定性和生态效益的发挥，也影响其景观质量。

广东鳌峰山森林公园 (112° 17'45"–112° 18'41"E, 北纬 22° 11'33"–22° 13'35"N) 地处广东省中南部，珠江三角洲平原的西部，江门市恩平市区恩城街道境内，总面积为 368.77 hm^2。鳌峰山古称石神山，最高海拔 203.7 m，以鳌峰景色为主题的“石神松翠”“峰山拥翠”，为明清的恩平八景之一，现在是市内目前最大的综合性公园，被誉为城市“绿肺”。鳌峰山森林公园位于北回归线以南，属南亚热带季风气候类型，由于受季风影响，冬短夏长，冬暖夏凉，日照充足，雨量充沛，干湿季明显。主要土壤类型为赤红壤，地带性植被为南亚热带季风常绿阔叶林，植物多样性较为丰富。

本书由恩平市鳌峰公园管理处与广州林芳生态科技有限公司共同组织编写，调查人员基于历史资料的整理，并于 2022–2023 年开展了野外补充调查，共收录了维管植物 99 科 271 属 403 种，其中蕨类植物 9 科 14 属 24 种，裸子植物 6 科 9 属 11 种，被子植物 84 科 248 属 368 种。石松类及蕨类植物采用 PPG I 系统，裸子植物采用 GPG I 系统，被子植物采用 APG IV 分类系统，属种按拉丁名字母顺序排列。每种植物配有高清图片，并附有中文名、别名、学名、科属、简介、生境及用途等，便于读者了解植物相关信息。

本书图文结合，将知识性和趣味性结合在一起，既可以作为中小学生野外研学实践的指导用书，也可以作为广大植物科普爱好者的参考用书。为鳌峰山森林公园生物多样性保护和植物资源开发利用提供了基础资料。

本书在编写过程中，得到了众多鳌峰山植物爱好者的大力支持。在此，向关心、支持、帮助本书编写的全体同事及参与人员表示衷心感谢。

作者在编写的过程中力求资料完整、标本鉴定正确。由于时间有限，疏漏之处在所难免，恳请各位读者提出宝贵意见。

编者

2023 年 10 月 18 日

目 录

一 石松类及蕨类植物

二 裸子植物

三 被子植物

一　石松类及蕨类植物

P1 石松科 Lycopodiaceae　藤石松属 *Lycopodiastrum* Holub ex R. D. Dixit

藤石松

Lycopodiastrum casuarinoides (Spring) Holub ex R. D. Dixit

描述： 地生植物。地上主茎木质藤状，伸长攀援达数米。叶螺旋状排列，卵状披针形至钻形。孢子叶阔卵形；孢子囊生于孢子叶腋。

生境： 生于海拔 300~1000 m 的山顶疏林或灌丛中。

分布： 广布于亚洲热带亚热带，生于山坡灌丛或林缘。

P1 石松科 Lycopodiaceae　石松属 *Lycopodium* L.

垂穗石松

Lycopodium cernuum L.

描述： 地生植物，高 30~50 cm。地上分枝密集呈树状。叶螺旋状排列，稀疏，钻形至线形，长 3~4 mm。孢子囊穗单生于小枝顶端，熟时下垂，淡黄色。

生境： 生于海拔 1300 m 以下阳光充足、潮湿的酸性土壤上。

分布： 全球热带亚热带广布。

P3 卷柏科 Selaginellaceae　卷柏属 *Selaginella* Beauv.

深绿卷柏

Selaginella doederleinii Hieron.

描述：多年生常绿草本，高约 40 cm。主茎倾斜或直立，常在分枝处生不定根，侧枝密集。侧生叶大而阔，近平展；中间叶贴生于茎、枝上。

生境：生于山谷溪边林下。

分布：分布于我国华南、华东及西南地区。

P3 卷柏科 Selaginellaceae　卷柏属 *Selaginella* Beauv.

江南卷柏

Selaginella moellendorffii Hieron.

描述：土生或石生草本。主茎斜升，枝光滑。茎生叶两侧对称，下部叶疏离；中叶具小齿；能育叶一型。大孢子浅黄色；小孢子橘黄色。

生境：生于海拔 300~900 m 的山地林下潮湿处。

分布：产于我国华南、华东、西南地区。

P12 里白科 Gleicheniaceae　芒萁属 *Dicranopteris* Bernh.

芒萁

Dicranopteris pedata (Houtt.) Nakaike

描述：多年生草本。叶远生，棕褐秆色，裂片宽 2~4 mm；叶轴各回分叉处有一对托叶状的羽片。孢子囊群圆形，沿羽片下部中脉两侧各一列。

生境：生于强酸性土壤的山坡或山脚，是酸性土壤的指示植物。

分布：分布于我国长江以南各省区。

P12 里白科 Gleicheniaceae　里白属 *Diplopterygium (*Diels) Nakai

中华里白

Diplopterygium chinense (Rosenst.) De Vol

描述：多年生草本，株高约 3 m。根状茎密被棕色鳞片。叶片巨大，二回羽状；羽片长约 1 m，宽约 20 cm。孢子囊群圆形，叶背中脉和叶缘之间各一列。

生境：生于海拔 300~800 m 的山谷溪边林中。

分布：产于我国华南、西南地区。

P12 里白科 Gleicheniaceae　假芒萁属 *Sticherus* C. Presl

假芒萁

Sticherus truncatus (Willd.) Nakai

描述：草本。根状茎顶端被鳞片。顶生一对阔披针形分叉羽片，篦齿形深裂，叶脉有规则的二叉。孢子囊群位于主脉与叶边之间，孢子囊 4~5 个。

生境：生于灌木丛中、疏林下或林缘。

分布：分布于我国长江以南部分省区。

P13 海金沙科 Lygodiaceae　海金沙属 *Lygodium* Sw.

海金沙

Lygodium japonicum (Thunb.) Sw.

描述：草质藤本，植株长达 1~4 m。叶纸质，二回羽状，对生于叶轴短距上；不育叶末回羽片 3 裂。孢子囊穗排列稀疏，暗褐色，无毛。

生境：生于山谷、灌丛、路旁、村边。

分布：分布于我国长江以南地区。

P13 海金沙科 Lygodiaceae　海金沙属 *Lygodium* Sw.

小叶海金沙

Lygodium microphyllum (Cav.) R. Br.

描述： 草质藤本，高达 5 m。二回奇数羽状复叶；羽片对生，顶端密生红棕色毛；不育羽片长 7~8 cm，柄长 1~1.2 cm。孢子囊穗排列于叶缘，黄褐色。

生境： 生于低海拔山地山谷、疏林、灌丛或路旁。

分布： 分布于我国华南、西南地区以及福建、台湾等。

P22 金毛狗蕨科 Cibotiaceae　金毛狗属 *Cibotium* Kaulf.

金毛狗

Cibotium barometz (L.) J. Sm.

描述： 大型草本。根状茎基部被有一大丛垫状的金黄色茸毛。叶片三回羽状分裂；叶脉隆起，不育羽片为二叉。孢子囊群生叶边，囊群盖如蚌壳。

生境： 生于海拔 100~1200 m 的山谷溪及边林下。

分布： 分布于我国长江以南地区。

P30 凤尾蕨科 Pteridaceae　铁线蕨属 *Adiantum* L.

鞭叶铁线蕨

Adiantum caudatum L.

描述： 土生植物。叶轴延伸呈鞭状，叶轴、叶柄密被长硬毛；叶披针形，一回羽状，羽片分裂；基部1对羽片最小。孢子囊群盖圆形，褐色，被毛。

生境： 生于林下或山谷石上及石缝中，海拔100~1200 m。

分布： 产于我国华南、西南地区。

P30 凤尾蕨科 Pteridaceae　铁线蕨属 *Adiantum* L.

扇叶铁线蕨

Adiantum caudatum L.

描述： 土生植物。叶轴延伸呈鞭状，叶轴、叶柄密被长硬毛；叶披针形，一回羽状，羽片分裂；基部1对羽片最小。孢子囊群盖圆形，褐色，被毛。

生境： 生于林下或山谷石上及石缝中，海拔100~1200 m。

分布： 产于我国华南、西南地区。

P30 凤尾蕨科 Pteridaceae　铁线蕨属 *Adiantum* L.

假鞭叶铁线蕨

Adiantum malesianum J. Ghatak

描述：根状茎短而直立。叶簇生；叶片线状披针形，一回羽状。叶脉多回二歧分叉。叶轴先端往往延长成鞭状，落地生根。囊群盖圆肾形。

生境：生于山坡灌丛下岩石上或石缝中，海拔 200~1400 m。

分布：产于我国华南、华中、西南地区。

P30 凤尾蕨科 Pteridaceae　碎米蕨属 *Cheilanthes* Sw.

薄叶碎米蕨

Cheilanthes tenuifolia (Burm. f.) Sw.

描述：中生中小型植物，高 10~40 cm。叶轴及羽轴有纵沟；叶柄基部密被鳞片；叶片三角卵形；小脉单一或分叉。孢子囊群生上半部叶脉顶端。

生境：生于溪旁、田边或林下石上，海拔 50~1000 m。

分布：广布于热带亚洲各地。

P30 凤尾蕨科 **Pteridaceae** 凤尾蕨属 ***Pteris* L.**

刺齿半边旗

Pteris dispar Kunze

描述： 土生植物，植株高30~80 cm。叶簇生，二回羽状；侧生羽片于羽轴两侧不对称。孢子囊群线形，仅裂片先端及缺刻不育；囊群盖线形。

生境： 生于海拔950 m以下山谷疏林中。

分布： 产于我国华南、华北、西南地区。

P30 凤尾蕨科 **Pteridaceae** 凤尾蕨属 ***Pteris* L.**

剑叶凤尾蕨

Pteris ensiformis Burm. f.

描述: 土生植物，植株高30~50 cm。叶密生，奇数二回羽状；羽片2~4对，小羽片1~4对；叶柄、叶轴禾秆色。孢子囊群线形，沿叶缘连续延伸。

生境： 生于海拔1000 m以下的林下、灌丛中。

分布： 分布于我国华东、华南及西南地区。

P30 凤尾蕨科 Pteridaceae　凤尾蕨属 *Pteris* L.

傅氏凤尾蕨

Pteris fauriei Hieron.

描述：土生植物，株高 90 cm。叶簇生，一型，二回羽裂，卵状三角形，长 25~45 cm；侧生羽片近对生，3~6 对，长 13~23 cm。孢子囊群线形。

生境：生于海拔 800 m 以下的林下沟边酸性土壤上。

分布: 分布于我国华东、华南地区及云南。

P30 凤尾蕨科 Pteridaceae　凤尾蕨属 *Pteris* L.

井栏边草

Pteris multifida Poir.

描述：土生植物，根状茎先端被黑褐色鳞片。叶密而簇生，一回羽状；羽片常分叉，基部下延呈翅状；叶脉分离。囊群盖线形，灰棕色，膜质。

生境：生于阴湿的墙壁、井边、石灰岩缝隙或灌丛下。

分布：广泛分布于除东北和西北外的地区。

P30 凤尾蕨科 Pteridaceae　凤尾蕨属 *Pteris* L.

半边旗

Pteris semipinnata L.

描述：土生植物，株高 35~80 cm。叶簇生，近一型，叶片长圆状披针形；侧生羽片 4~7 对；不育裂片有尖锯齿，能育裂片顶端有尖刺或具 2~3 尖齿。

生境：生于海拔 850 m 以下的疏林下、溪边或岩石旁酸性土壤上。

分布：分布于我国长江以南地区。

P30 凤尾蕨科 Pteridaceae　凤尾蕨属 *Pteris* L.

蜈蚣凤尾蕨

Pteris vittata L.

描述：土生植物。叶簇生，一型，倒披针状长圆形，奇数一回羽状；侧生羽片 30~40 对；不育叶叶缘有细锯齿。孢子囊群线形；囊群盖群线形。

生境：常见于钙质土石灰岩处，或用石灰砌成的墙壁砖缝上和石灰池附近。

分布：分布于我国秦岭以南热带亚热带地区，旧大陆热带、亚热带地区广泛分布。

P40 乌毛蕨科 Blechnaceae　乌毛蕨属 *Blechnum* L.

乌毛蕨

Blechnum orientale L.

描述：土生植物。根状茎短粗直立，木质。叶簇生，卵状披针形，一回羽状复叶；羽片互生，非鸡冠状。孢子囊群紧贴羽片中脉；囊群盖线形。

生境：生于海拔 800 m 以下酸性土壤的山坡灌丛及较阴湿处。

分布：产于我国华南、西南、西北地区。

P40 乌毛蕨科 Blechnaceae　狗脊属 *Woodwardia* Sm.

狗脊

Woodwardia japonica (L. f.) Sm.

描述：草本。根状茎横卧，与叶柄基部密被鳞片。叶近生，近革质，二回羽裂；小羽片有密细齿；叶脉隆起。孢子囊群线形；囊群盖线形。

生境：生于疏林下酸性土壤中。

分布：广布于我国长江流域以南各省区。

渐尖毛蕨

Cyclosorus acuminatus (Houtt.) Nakai

描述：土生植物，株高 70~80 cm。根状茎密被鳞片。叶二列远生，坚纸质；二回羽裂；羽片 13~18 对；羽片上面被极短的糙毛。孢子囊群圆形。

生境：生于海拔 800 m 以下的山谷灌丛阴湿处。

分布：分布于我国秦岭以南各省区。

P42 金星蕨科 Thelypteridaceae　毛蕨属 *Cyclosorus* Link

华南毛蕨

Cyclosorus parasiticus (L.) Farw.

描述：土生草本，植株高达 70 cm。叶近生，长 35 cm，二回羽裂；羽片 12~16 对，羽片披针形，羽裂达 1/2 或稍深。孢子囊群圆形；囊群盖小。

生境：生于海拔山谷林下、溪边、路旁阴湿处。

分布：分布于华南、华中、华东和西南地区。

P46 肾蕨科 Nephrolepidaceae　肾蕨属 *Nephrolepis* Schott

肾蕨

Nephrolepis cordifolia (L.) C. Presl

描述: 土生植物。匍匐茎铁丝状。叶簇生，长 30~70 cm，一回羽状；羽片互生，45~120 对；中部羽片长约 2 cm，钝头。孢子囊群肾形；囊群盖肾形。

生境: 生于山地林中石上或树干上。

分布: 分布于我国华东、华南及西南地区。

二　裸子植物

G1 苏铁科 Cycadaceae　苏铁属 *Cycas* L.

苏铁

Cycas revoluta Thunb.

描述： 常绿木本植物。叶背被毛，中部羽片长 9~18 cm，宽 4~6 mm。雄球花序着生茎顶，圆柱形，长 30~70 cm。种子径 1.5~3 cm，密生短茸毛。

生境： 我国南北部均有栽培。

分布： 产于福建、台湾、广东，各地常有栽培。

G5 买麻藤科 Gnetaceae　买麻藤属 *Gnetum* L.

小叶买麻藤

Gnetum parvifolium (Warb.) C. Y. Cheng ex Chun

描述： 常绿缠绕藤本。叶椭圆形或长倒卵形，宽约 3 cm，侧脉下面稍隆起。雌球花序的每总苞内有雌花 5~8 朵。成熟种子长椭圆形。

生境： 常见于林中，缠绕于树上。

分布： 分布于我国华南、华中及西南地区。

G7 松科 **Pinaceae**　松属 ***Pinus* L.**

湿地松

Pinus elliotii Engelm.

描述：常绿乔木。树皮纵裂成鳞状块片剥落；2~9 个树脂道。针叶 2~3 针一束，稍粗壮。球果圆锥形或窄卵圆形；种子卵圆形。

生境：生于低山丘陵地带，耐水湿。

分布：原产于美国东南部暖带潮湿的低海拔地区。我国华东、华南地区引种栽培。

G7 松科 **Pinaceae**　松属 ***Pinus* L.**

马尾松

Pinus massoniana Lamb.

描述：常绿乔木。树皮裂成不规则的鳞状块片。针叶 2 针一束，稀 3 针一束。球果卵圆形或圆锥状卵圆形；种子长卵圆形，具翅。

生境：生于山地林中。

分布：产于我国江苏、安徽， 河南西部、陕西及长江中下游各省区。

G8 南洋杉科 Araucariaceae　南洋杉属 *Araucaria* Juss.

南洋杉

Araucaria cunninghamii Aiton ex D. Don

描述：树皮灰褐色或暗灰色，横裂。大枝平展或斜伸，幼树冠尖塔形，老则成平顶状；侧生小枝密生，下垂，近羽状排列。球果卵形或椭圆形；种子椭圆形。

生境：主要为庭院露地栽培。

分布：原产大洋洲东南沿海地区。

G9 罗汉松科 Podocarpaceae　罗汉松属 *Podocarpus* L' H é r. ex Pers.

罗汉松

Podocarpus macrophyllus (Thunb.) Sweet

描述：树皮灰色或灰褐色，浅纵裂，成薄片状脱落。叶螺旋状着生，条状披针形，微弯，上面深绿色，有光泽，下面带白色、灰绿色或淡绿色。

生境：主要栽培于庭园作观赏树。

分布：产于华南、华东地区，我国各地均有栽培。

G9 罗汉松科 Podocarpaceae　竹柏属 *Nageia* Gaertn.

竹柏

Nageia nagi (Thunb.) Kuntze

描述： 乔木，高达 20 m。叶对生，长 4~9 cm，宽 1.2~1.5 cm。雄球花穗状圆柱形，单生于叶腋；雌球花基部有数枚苞片。种子圆球形，有白粉。

生境： 散常生于绿阔叶树林中。

分布： 我国华南、华东地区均有分布。

G11 柏科 Cupressaceae　杉木属 *Cunninghamia* R. Br. ex A. Rich.

杉木

Cunninghamia lanceolata (Lamb.) Hook.

描述：常绿乔木。叶 2 列状，披针形或线状披针形，扁平；叶和种鳞螺旋状排列。雄球花多数，簇生于枝顶端。每种鳞有种子 3 颗。

生境：生于山地林中。

分布：分布于我国长江以南温暖地区。

G11 柏科 Cupressaceae　刺柏属 *Juniperus* L.

龙柏

Juniperus chinensis 'Kaizuka'

描述：常绿乔木，树冠圆柱状或柱状塔形。枝条向上直展，常有扭转上升之势。鳞叶排列紧密，幼嫩时淡黄绿色，后呈翠绿色。球果蓝色，微被白粉。

生境：常用于园林绿化，如街道绿化、小区绿化、公路绿化等。

分布：主要产于我国长江流域、淮河流域，我国各地均有栽培。

G11 柏科 Cupressaceae　落羽杉属 *Taxodium* Rich.

池杉

Taxodium distichum (L.) Rich. var. imbricatum (Nutt.) Croom

描述: 乔木，树干基部膨大，屈膝状呼吸根，树皮褐色，枝条向上伸展。叶钻形，螺旋状伸展。球果圆球形，熟时褐黄色；种子不规则三角形，红褐色。

生境：重要的造树和园林树种。

分布: 原产于北美东南部。

G11 柏科 Cupressaceae　落羽杉属 ***Taxodium*** **Rich.**

落羽杉

Taxodium distichum (L.) Rich.

描述： 落叶乔木，树皮棕色，裂成长条片脱落。叶条形，扁平，上面淡绿色，下面黄绿色或灰绿色。球果球形或卵圆形，有短梗。

生境： 耐水湿，能生于排水不良的沼泽地上。

分布： 原产于北美东南部。

三　被子植物

A4 睡莲科 Nymphaeaceae　睡莲属 *Nymphaea* L.

睡莲

Nymphaea tetragona Georgi

描述：根状茎匍匐。叶纸质，近圆形，全缘或波状，两面无毛，有小点。花瓣红色，卵状矩圆形。浆果扁平至半球形；种子椭圆形。

生境：生在池沼中。

分布：我国广泛分布。

A10 三白草科 Saururaceae　蕺菜属 *Houttuynia* Thunb.

蕺菜

Houttuynia cordata Thunb.

描述：腥臭草本，高 30~60 cm。茎下部伏地。单叶互生叶心形，长 4~10 cm。总状花序，长约 2 cm；子房上位。蒴果长 2~3 cm，顶端宿存花柱。

生境：生于低湿沼泽地、沟边、溪旁或林缘路旁。

分布：产于我国中部、东南至西南部各省区。

A11 胡椒科 **Piperaceae** 胡椒属 ***Piper*** **L.**

华南胡椒

Piper austrosinense Y. C. Tseng

描述： 木质攀援藤本。叶卵状披针形，基部心形，长 8~11 cm，宽 6~7 cm。穗状花序；雌雄异株；雄花序长 3~6.5 cm。浆果球形，基部嵌生于花序轴。

生境： 生于林中，攀援于树上或石上。

分布： 产于我国广西东南部，广东东部、西南部和南部。

A11 胡椒科 **Piperaceae** 胡椒属 ***Piper*** **L.**

华山蒌

Piper cathayanum M. G. Gilbert & N. H. Xia

描述： 攀援藤本。叶纸质，卵形、卵状长圆形或长圆形，基部深心形；叶柄密被毛。花单性，雌雄异株，聚集成与叶对生的穗状花序；总花梗短于叶柄，被粗毛。

生境： 生于密林中或溪涧边，攀援于树上。

分布： 产于我国四川、贵州东南部、广西、广东南部至西南部。

A11 胡椒科 Piperaceae　胡椒属 *Piper* L.

山蒟

Piper hancei Maxim.

描述: 攀援藤本。叶互生，披针形，长 6~12 cm，宽 2.5~4.5 cm，基部楔形。穗状花序，花单性，雌雄异株，雄花序长 6~10 cm。浆果球形，黄色。

生境: 生于山谷溪边林中，攀援于树上或石上。

分布: 产于我国华东、华南、西南地区。

A14 木兰科 Magnoliaceae　含笑属 *Michelia* L.

白兰

Michelia × *alba* DC.

描述: 树皮灰色。叶薄革质，长椭圆形或披针状椭圆形，上面无毛，下面疏生微柔毛；叶柄疏被微柔毛，托叶痕几达叶柄中部。花白色。蓇葖熟时鲜红色。

生境: 著名的庭园观赏树种，多为行道树。

分布: 原产于印度尼西亚爪哇。我国亚热带以南栽培。

A14 木兰科 Magnoliaceae　含笑属 *Michelia* L.

含笑花

Michelia figo (Lour.) Spreng.

描述： 常绿灌木，高2~3 m。叶柄、花梗均密被黄褐色茸毛。花淡黄色，边缘有时红色或紫色。聚合果长2~3.5 cm。花期3~5月，果期7~8月。

生境： 生于阴坡杂木林中，溪谷沿岸尤为茂盛。

分布： 原产于我国华南南部各省区。

A18 番荔枝科 Annonaceae　假鹰爪属 *Desmos* Lour.

假鹰爪

Desmos chinensis Lour.

描述： 攀援或直立灌木。叶长圆形，基部圆形，长4~13 cm，宽2~5 cm。花瓣镊合状排列，6片，2轮，外轮较内轮大。果念珠状，长2~5 cm，具柄。

生境： 生于山地、山谷、林缘或旷地上。

分布： 分布于我国华南及西南地区。

A18 番荔枝科 Annonaceae　瓜馥木属 *Fissistigma* Griff.

瓜馥木

Fissistigma oldhamii (Hemsl.) Merr.

描述：攀援灌木。叶倒卵状椭圆形，长 6~13 cm，宽 2~5 cm，叶面侧脉不凹陷。1~3 朵组成聚伞花序；花瓣 6 片，2 轮。果圆球状，密被黄棕色茸毛。

生境：生于低海拔山谷疏林或水旁灌丛中。

分布：分布于我国华东、华南地区和云南。

A18 番荔枝科 Annonaceae　紫玉盘属 *Uvaria* L.

大花紫玉盘

Uvaria grandiflora Roxb.

描述：攀援灌木。叶纸质，长圆状倒卵形，长 7~30 cm，宽 3.5~12.5 cm。花大，直径达 9 cm，与叶对生，紫红色或深红色。果无刺，长圆柱状。

生境：生于低海拔灌木丛中或丘陵山地疏林中。

分布：产于我国广东南部及其岛屿。

A18 番荔枝科 Annonaceae　紫玉盘属 *Uvaria* L.

紫玉盘

Uvaria macrophylla Roxb.

描述：直立灌木，高达 2 m。叶长倒卵形，叶背被毛。花小，直径 2.5~3.5 cm，常 1~2 朵与叶对生，暗紫红色。果卵圆形，暗紫褐色，顶端尖。

生境：生于低海拔山地疏林或灌丛中。

分布：产于我国华南地区及云南。

A25 樟科 Lauraceae　无根藤属 *Cassytha* L.

无根藤

Cassytha filiformis L.

描述：寄生缠绕藤本，借盘状吸根攀附。叶退化成鳞片状。穗状花序；花被裂片 6，2 轮，外轮较内轮小。果小，卵球形，花被片宿存。

生境：生于山坡、路旁或疏林中。

分布：产于我国华东、华南及西南地区。

A25 樟科 Lauraceae　樟属 *Cinnamomum* Schaeff.

阴香

Cinnamomum burmannii (Nees & T. Nees) Blume

描述：乔木。叶互生或几近对生，长 5.5~10.5 cm，宽 2~5 cm，离基三出脉，叶上常有虫瘿。圆锥花序；花疏散。果卵球形，果托杯状。

生境：生于山谷林中。

分布：产于我国广东、广西、云南及福建。

A25 樟科 Lauraceae　樟属 *Cinnamomum* Schaeff.

樟

Cinnamomum camphora (L.) Presl

描述：乔木，高可达 30 m。树皮纵裂。叶互生，离基三出脉，边缘波状，脉腋窝明显。圆锥花序腋生，花绿白色。果球形，熟时紫黑。

生境：生于山地林中。

分布：分布于我国南方及西南各省区。

A25 樟科 Lauraceae　山胡椒属 *Lindera* Thunb.

香叶树

Lindera communis Hemsl.

描述：常绿灌木或小乔木。叶互生，卵形，长 4~5 cm，宽 1.5~3.5 cm，羽状脉，背疏被柔毛。伞形花序生于叶腋；花被片 6。果卵形。

生境：生于山地林中。

分布：分布于我国长江以南及陕西、甘肃；中南半岛也有分布。

A25 樟科 Lauraceae　木姜子属 *Litsea* Lam.

山鸡椒

Litsea cubeba (Lour.) Pers.

描述：落叶小乔木。枝具芳香味。叶互生，披针形或长圆形，羽脉。伞形花序，有花 4~6 朵；花被片 6，宽卵形。果近球形，熟时黑色。

生境：生于向阳的山坡、疏林、灌丛中。

分布：分布于我国长江以南地区；东南亚各国也有。

A25 樟科 Lauraceae　木姜子属 *Litsea* Lam.

潺槁木姜子

Litsea glutinosa (Lour.) C. B. Rob.

描述：常绿乔木。树皮灰色，内皮有黏质。叶革质，倒卵状长圆形，长 6.5~15 cm，宽 5~11 cm。伞形花序；能育雄蕊 15 枚。果球形。

生境：生于低海拔山地疏林中。

分布：产于我国广东、广西、福建及云南南部。

A25 樟科 Lauraceae　木姜子属 *Litsea* Lam.

假柿木姜子

Litsea monopetala (Roxb.) Pers

描述：常绿乔木。叶互生，阔卵形或卵状长圆形，长 8~20 cm，宽 4~12 cm。伞形花序簇生叶腋；花被裂片 6；能育雄蕊 9。果长圆形。

生境：生于阳坡灌丛或疏林中。

分布：产于我国广东、广西、贵州西南部、云南南部。

A25 樟科 Lauraceae　木姜子属 *Litsea* Lam.

豺皮樟

Litsea rotundifolia Nees var. oblongifolia (Nees) C. K. Allen

描述：常绿灌木或小乔木，高可达 3 m。叶片卵状长圆形，长 2.5~5.5 cm，宽 1~2.2 cm，上面绿色下面粉绿色。伞形花序常 3 个簇生叶腋。

生境：生于丘陵地下部的灌丛、疏林中或山地路旁。

分布：分布于我国华南、华东地区。

A25 樟科 Lauraceae　润楠属 *Machilus* Rumph. ex Nees

华润楠

Machilus chinensis (Champ. ex Benth.) Hemsl.

描述：乔木。树皮薄片状剥落。叶倒卵状长椭圆形，长 5~10 cm，宽 2~4 cm，侧脉约 8 条。圆锥花序顶生。果球形，直径 8~10 mm。

生境：生于山地林中。

分布：分布于我国广东和广西。

A25 樟科 Lauraceae　润楠属 *Machilus* Rumph. ex Nees

柳叶润楠

Machilus salicina Hance

描述： 灌木。叶常生枝端，披针形，长 4~16 m，宽 1~2.5 cm，背面有时被柔毛。聚伞圆锥花序；花被裂片长圆形。果直径 7~10 mm。

生境： 常生于低海拔地区的溪畔河边。

分布： 产于我国广东、广西、贵州南部、云南南部。

A25 樟科 Lauraceae　新木姜子属 *Neolitsea* (Benth. & Hook. f.) Merr.

鸭公树

Neolitsea chui Merr.

描述： 乔木。叶椭圆形，长 8~16 cm，宽 2.7~9 cm，离基三出脉，背无毛。伞形花序腋生或侧生；花被裂片 4。果近球形，直径约 8 mm。

生境： 生于山谷、疏林中。

分布： 我国广东、广西、湖南、江西、福建、云南东南部都有分布。

A26 金粟兰科 Chloranthaceae　草珊瑚属 *Sarcandra* Gardner

草珊瑚

Sarcandra glabra (Thunb.) Nakai

描述：亚灌木，高 50~120 cm。茎与枝均有膨大的节。叶对生，极多，椭圆形至卵状披针形，长 6~17 cm。穗状花序顶生。果球形。

生境：生于海拔 1500 m 以下的山坡、山谷林下。

分布：分布于我国长江以南地区。

A27 菖蒲科 Acoraceae　菖蒲属 *Acorus* L.

金钱蒲

Acorus gramineus Soland.

描述：直立草本。叶线形，宽 5~12 mm，无叶片与叶柄之分。佛焰苞与叶同形；肉穗花序黄绿色；花两性，有花被。果黄绿色。

生境：生于溪边及潮湿的岩石上。

分布：分布于我国华南、华东、华中、西北、西南地区；各地均有栽培。

A28 天南星科 Araceae　海芋属 *Alocasia* (Schott) G. Don

海芋

Alocasia odora (Roxb.) K. Koch

描述：大型草本。叶盾状着生，箭状卵形，长 0.5~1 m，宽 40~90 cm。佛焰苞管喉部闭合；肉穗花序顶端有附属体；雄蕊合生。浆果卵状。

生境：生于溪谷湿地或田边。

分布：分布于我国华南、华东、西南。南亚、东南亚也有分布。

A45 薯蓣科 Dioscoreaceae　薯蓣属 *Dioscorea* L.

参薯

Dioscorea alata L.

描述：缠绕藤本。块茎形状各异，茎有 4 翅。叶下部互生，中上部对生。花单性，雌雄异株。蒴果三棱形，每棱翅状，熟后顶端开裂。

生境：主要为栽培、种植。

分布：原产于孟加拉湾的北部和东部。

A45 薯蓣科 Dioscoreaceae　薯蓣属 *Dioscorea* L.

薯蓣

Dioscorea polystachya Turcz.

描述：缠绕藤本。块茎圆柱形；茎常紫红色。叶卵状三角形，常 3 浅裂或深裂。花序轴明显曲折；花被片具紫褐色斑点。蒴果不反折。

生境：生于山坡、山谷林下，溪边、路旁的灌丛中或杂草中。

分布：我国各地均有栽培。

A59 菝葜科 Smilacaceae　菝葜属 *Smilax* L.

土茯苓

Smilax glabra Roxb.

描述：攀援灌木。枝无刺。叶椭圆状披针形，长 5~15 cm，宽 1.5~7 cm；叶柄长 0.5~2.5 cm。伞形花序；花六棱状球形。浆果具粉霜。

生境：生于林下灌丛中或河岸林缘、山坡上。

分布：甘肃南部和长江流域以南各省区均有分布。

A61 兰科 Orchidaceae　线柱兰属 *Zeuxine* Lindl.

白花线柱兰

Zeuxine parviflora (Ridl.) Seidenf.

描述： 茎具 3~5 叶。叶卵形或椭圆形；中萼片卵状披针形或卵形，侧萼片长圆状卵形；花瓣与中萼片粘贴呈兜状，唇瓣 T 字形，2 裂，极叉开近平展。

生境： 林下阴湿处或岩石上覆土中。

分布： 产于我国华南地区及云南。

A73 石蒜科 Amaryllidaceae　文殊兰属 *Crinum* L.

文殊兰

Crinum asiaticum L. var. sinicum (Roxb. ex Herb.) Baker

描述: 草本。叶多列，带状披针形。花茎实心，直立，几与叶等长；伞形花序；花被裂片线形，宽一般不及 1 cm，渐狭。蒴果近球形。

生境： 常生于海滨地区或河旁沙地。

分布: 产于我国香港、海南、福建、台湾、广西等省区。

A74 天门冬科 Asparagaceae　朱蕉属 *Cordyline* Comm. ex R. Br.

朱蕉

Cordyline fruticosa (L.) A. Chev.

描述： 灌木状，直立。叶聚生于茎或枝的上端，叶披针状椭圆形，宽 5~10 cm，绿色带紫红色；叶柄具槽，抱茎。圆锥花序。浆果。

生境： 栽种于亚洲温暖地区。

分布： 我国香港、海南、福建、台湾、广西等地区有栽培。

A74 天门冬科 Asparagaceae　山麦冬属 *Liriope* Lour.

山麦冬

Liriope spicata (Thunb.) Lour.

描述： 草本。叶基生，线形，宽 2~4 mm，具细锯齿。总状花序；花葶短于叶，花药长约 1 mm。果未熟前形裂，露出浆果状种子。

生境： 生于山谷、路旁或湿地。

分布： 除东北、西北地区外我国各省区均有分布。

A76 棕榈科 Arecaceae　散尾葵属 *Dypsis* H. Wendl.

散尾葵

Dypsis lutescens (H. Wendl.) Beentje & J. Dransf.

描述：丛生灌木。茎基部略膨大。叶羽状全裂，羽片 40~60 对，2 列，披针形；叶柄上面具槽，下面圆。花卵球形，金黄色，螺旋状着生。

生境：我国南方常见栽培。

分布：栽培于我国南方。

A76 棕榈科 Arecaceae　刺葵属 *Phoenix* L.

江边刺葵

Phoenix roebelenii O' Brien

描述：茎丛生，具宿存的三角状叶柄基部。叶羽片线形，较柔软，两面深绿色，背面沿叶脉被灰白色的糠秕状鳞秕，下部羽片变成细长软刺。果实长圆形。

生境：常见于江岸边，海拔 480~900 m。

分布：产于我国云南。广东、广西等地区有引种栽培。

A86 美人蕉科 Cannaceae　美人蕉属 *Canna* L.

蕉芋

Canna edulis Ker Gawl.

描述：草本。根状茎肥大。茎被白粉。叶长圆形；叶鞘边缘紫色。总状花序；花鲜红色；退化雄蕊狭小，宽约 1 cm。蒴果，3 瓣裂。

生境：常见栽培于庭园做观赏植物。

分布：我国南部及西南部有栽培。

A86 美人蕉科 Cannaceae　美人蕉属 *Canna* L.

美人蕉

Canna indica L.

描述：直立草本。茎和叶全部绿色，无白粉。叶片卵状长圆形。总状花序；花鲜红色；退化雄蕊狭小，宽5~7 mm。蒴果有软刺。

生境：常见栽培在疏松肥沃、排水良好的砂质土壤中。

分布：我国南北各地常有栽培。原产于印度。

A87 竹芋科 Marantaceae　竹芋属 *Maranta* L.

竹芋

Maranta arundinacea L.

描述：草本。茎柔弱，2歧分枝。叶茎生，卵形。总状花序顶生，疏散；苞片线状披针形，内卷；花小，白色。果长圆形。

生境：我国南方常见栽培。

分布：我国南部均有栽培。

A87 竹芋科 Marantaceae　柊叶属 *Phrynium* Willd.

柊叶

Phrynium rheedei Suresh & Nicolson

描述：草本，高 1~2 m。叶长圆形，长 25~50 cm；叶枕长 3~7 cm；叶柄长达 60 cm。头状花序直径 5 cm；花冠深红。果梨形，具 3 棱。

生境：生于山地密林中及山谷潮湿之地。

分布：产于我国广东、广西、云南等省区。

A87 竹芋科 Marantaceae　水竹芋属 *Thalia* L.

再力花

Thalia dealbata Fraser

描述：叶卵状披针形，浅灰蓝色，边缘紫色。复总状花序，花小，紫堇色。蒴果近圆球形或倒卵状球形。

生境：主要为栽培挺水花卉。

分布：墨西哥及美国东南部地区均有分布。

A89 姜科 Zingiberaceae　山姜属 *Alpinia* Roxb.

海南山姜

Alpinia hainanensis K. Schum.

描述： 草本。叶线状披针形，长 50~65 cm，宽 6~9 cm。总状花序，长达 20 cm，花序轴“之”字形；花萼顶端具 2 齿。果球形，直径 3 cm。

生境： 生于山谷疏或密林中。

分布： 产于我国广东、海南。

A89 姜科 Zingiberaceae　山姜属 *Alpinia* Roxb.

华山姜

Alpinia oblongifolia Hayata

描述： 草本。叶披针形或卵状披针形，长 20~30 cm，宽 3~10 cm，无毛。狭窄圆锥花序；花白色，萼管状。果球形，直径 5~8 mm。

生境： 生于林下阴湿处。

分布： 产于我国东南部至西南部各省区。

A89 姜科 Zingiberaceae　姜属 ***Zingiber*** **Boehm.**

红球姜

Zingiber zerumbet (L.) Roscoe ex Sm.

描述： 草本。叶长圆状披针形，长15~40 cm，宽3~8 cm。总花梗直立；苞片覆瓦状排列；花冠管裂片披针形；唇瓣淡黄。蒴果椭圆形。

生境： 生于林下阴湿处。

分布： 产于我国广东、广西、云南等省区。

A98 莎草科 Cyperaceae　薹草属 *Carex* L.

浆果薹草

Carex baccans Nees

描述：草本。茎中生。茎生叶发达，枝先出、囊状。圆锥花序复出；总苞片叶状；小穗雄雌顺序。果囊成熟时红色，有光泽。

生境：生于河边、村旁、路旁。

分布：分布于我国华南、西南地区。

A98 莎草科 Cyperaceae　薹草属 *Carex* L.

中华薹草

Carex chinensis Retz.

描述：草本。茎中生。叶有小横脉。花单性；顶生小穗雄性。果囊被毛，有长喙；小坚果棱上中部不缢缩，与花柱之间界线明显。

生境：生于山谷阴处、溪边岩石上和草丛之中。

分布：我国除东北外广泛分布。

A98 莎草科 Cyperaceae　莎草属 *Cyperus* L.

扁穗莎草

Cyperus compressus L.

描述：一年生草本。基部具较多叶，叶灰绿。长侧枝聚伞花序简单，穗状花序轴短；小穗长 1~3 cm，小穗轴有翅。小坚果表面具细点。

生境：生于空旷的田野。

分布：我国除东北和西北外广泛分布。

A98 莎草科 Cyperaceae　莎草属 *Cyperus* L.

砖子苗

Cyperus cyperoides (L.) Kuntze

描述： 草本。叶下部常折合。长侧枝聚伞花序简单；每伞梗顶端 1 个穗状花序，穗状花序圆柱形，宽 6~8 mm。小坚果狭长圆形。

生境： 生于山坡阳处、路旁草地、溪边及松林下。

分布： 分布于我国黄河以南各省区。

A98 莎草科 Cyperaceae　莎草属 *Cyperus* L.

风车草

Cyperus involucratus Rottb.

描述： 秆稍粗壮，近圆柱状，上部稍粗糙，基部包裹以无叶的鞘，鞘棕色。小坚果椭圆形，近于三棱形，褐色。

生境 分布于森林、草原地区的大湖、河流边缘的沼泽中。

分布： 我国南北各省均见栽培。

A98 莎草科 Cyperaceae　莎草属 *Cyperus* L.

碎米莎草

Cyperus iria L.

描述：一年生草本。叶少数。长侧枝聚伞花序复出；穗状花序轴伸长，小穗长3~10 mm，小穗轴无翅。坚果具密的微突起细点。

生境：生于田间、山坡、路旁。

分布：几乎遍布全国。

A98 莎草科 Cyperaceae　莎草属 *Cyperus* L.

香附子

Cyperus rotundus L.

描述：多年生草本。叶片多而长。长侧枝聚伞花序简单或复出，穗状花序轮廓为陀螺形；小穗少数，压扁。小坚果长圆状倒卵形。

生境：生于旷野、草地、路旁、溪边。

分布：分布于我国黄河以南各省区。广泛分布于世界各地。

A98 莎草科 Cyperaceae　莎草属 *Cyperus* L.

苏里南莎草

Cyperus surinamensis Rott.

描述：秆丛生，三棱形，微糙，具倒刺。叶短于秆。球形头状花序，一级辐射枝 4 ~ 12，微糙，具倒刺。小坚果具柄，长椭圆状。

生境：生于沟边、田边、路边等潮湿地上。

分布：原产于加勒比海和中美洲、北美洲和南美洲。

A98 莎草科 Cyperaceae　飘拂草属 *Fimbristylis* Vahl

夏飘拂草

Fimbristylis aestivalis (Retz.) Vahl.

描述：秆扁三棱形，平滑，基部具少数叶。叶短于秆，丝状，平张，边缘稍内卷，两面被疏柔毛；叶鞘短，棕色，外面被长柔毛。小坚果倒卵形，双凸状，黄色。

生境：生于荒草地、沼泽地以及稻田中。

分布：产于我国华东、华南、西南地区。

A98 莎草科 Cyperaceae　飘拂草属 *Fimbristylis* Vahl

水虱草

Fimbristylis littoralis Gamdich

描述：草本。叶侧扁，套褶。苞片 2~4 枚，刚毛状；小穗单生，近球形，长 1.5~5 mm，宽 1.5~2 mm。小坚果长 1 mm，具疣状突起和网纹。

生境：生于河边、水边、田边等潮湿地上。

分布：除东北各省以及华北、西北部分省尚无记载外，我国其他各省区都有分布。

A98 莎草科 Cyperaceae　飘拂草属 *Fimbristylis* Vahl

少穗飘拂草

Fimbristylis schoenoides (Retz.) Vahl.

描述：秆丛生，稍扁，平滑，具纵槽。叶短于秆，两边常内卷，上部边缘具小刺。小坚果圆倒卵形或近于圆形，双凸状，具短柄，黄白色，表面具六角形网纹。

生境：生于溪旁、荒地、沟边、路旁、水田边等低洼潮湿处。

分布：产于我国华南地区及云南。

A98 莎草科 Cyperaceae　飘拂草属 ***Fimbristylis*** **Vahl**

畦畔飘拂草

Fimbristylis squarrosa Vahl

描述：多年生草本。无根状茎。茎基部的叶鞘无叶片；叶舌为1圈短毛。长侧枝简单；3~6小穗，长圆形；鳞片螺旋状排列；雄蕊1枚。小坚果倒卵形，双凸状。

生境：生于溪旁、荒地、沟边、路旁、水田边等低洼潮湿处。

分布：产于我国山东、河北、台湾、广东、云南。

A98 莎草科 Cyperaceae　飘拂草属 ***Fimbristylis*** **Vahl**

四棱飘拂草

Fimbristylis tetragona R. Br.

描述：多年生草本。根状茎短，茎四棱形。叶鞘具棕色膜质的边；无叶片。小穗单生顶端；鳞片紧密地螺旋状排列，淡棕黄色。坚果表面具六角形网纹。

生境：多生于沼泽地里。

分布：产于我国福建、台湾、广东及海南。

A98 莎草科 Cyperaceae　扁莎属 ***Pycreus*** **P. Beauv.**

球穗扁莎

Pycreus flavidus (Retz.) T. Koyama

描述：根状茎短，具须根，秆丛生。叶少，短于秆；简单长侧枝聚散花序具 1~6 个辐射枝；小穗密聚于辐射枝上端呈球形。小坚果倒卵形，双凸状。花、果期 6~11 月。

生境：生于田边、沟边或溪边湿润的沙地上。

分布：几乎遍布于我国各地。

A98 莎草科 Cyperaceae　飘拂草属 ***Fimbristylis*** **Vahl**

多枝扁莎

Pycreus polystachyos (Rottb.) P. Beauv.

描述：草本，植株高 20~60 cm。叶平张，稍硬。长侧枝聚伞花序简单，伞梗 5~8 枚；小穗宽 1~2 mm，直立。小坚果两面无凹槽。

生境：生于稻田旁、山谷阴湿的沙土上或沼泽边上。

分布：分布于我国华东、华南地区。

A98 莎草科 Cyperaceae　刺子莞属 *Rhynchospora* Vahl

刺子莞

Rhynchospora rubra (Lour.) Makino

描述: 草本。叶全部基生，钻状线形。头状花序单个顶生；小穗钻状披针形；花柱基部膨大而宿存。小坚果阔倒卵形，长约 1.5 mm。

生境: 生于路边、草地、空旷地上。

分布: 本种分布甚广，广布于我国长江流域以南各省和台湾。

A98 莎草科 Cyperaceae　珍珠茅属 *Scleria* P. J. Bergius

毛果珍珠茅

Scleria levis Retz.

描述: 多年生草本。茎三棱形。叶舌半圆形；叶鞘有翅。圆锥花序顶生和侧生；小穗多为单性花。坚果表面具隆起的横皱纹。

生境: 生于干燥处、山坡草地、密林下、潮湿灌木丛中。

分布: 产于我国湖南、江西、云南、福建、广东。

A103 禾本科 Poaceae　地毯草属 *Axonopus P.* Beauv.

地毯草

Axonopus compressus (Sw.) P. Beauv.

描述： 多年生草本，高 8~60 cm。节密被灰白色柔毛。叶薄，宽 6~12 mm。总状花序 2~5 枚；小穗单生，长 2.2~2.5 mm；柱头白色。

生境： 生于荒野、路旁较潮湿处。

分布： 原产于热带美洲。我国南方逸为野生。

A103 禾本科 Poaceae　簕竹属 *Bambusa* Schreb.

黄金间碧竹

Bambusa vulgaris Schrader ex J. C. Wendl. f. vittata (Rivi è re & C. Rivi è re) T. P. Yi

描述： 秆黄色，节间正常，但具宽窄不等的绿色纵条纹，箨鞘在新鲜时为绿色且具宽窄不等的黄色纵条纹。

生境： 常栽培于庭园中供观赏。

分布： 我国广西、海南、云南、广东和台湾等省区的南部有栽培。

A103 禾本科 Poaceae　簕竹属 *Bambusa* Schreb.

粉单竹

Bambusa chungii McClure

描述：乔木状。秆节间幼时被白粉；箨片外反；箨鞘背面被刺毛。叶片较厚，披针形。小穗无柄。成熟颖果卵形，腹面有沟槽。

生境：生于山谷、河边。

分布：我国华南地区特产，分布于湖南南部、福建、广东、广西。

A103 禾本科 Poaceae　香茅属 *Cymbopogon* Spreng.

柠檬草

Cymbopogon citratus (DC.) Stapf

描述：节下被白色蜡粉。叶鞘无毛，不向外反卷，内面浅绿色；叶舌质厚，顶端长渐尖，平滑或边缘粗糙。伪圆锥花序具多次复合分枝；无柄小穗线状披针形。

生境：广泛种植于热带地区。

分布：我国广东、海南、台湾有栽培。广泛种植于热带地区。

A103 禾本科 Poaceae 弓果黍属 *Cyrtococcum* Stapf

弓果黍

Cyrtococcum patens (L.) A. Camus

描述：一年生草本。叶披针形，长 3~8 cm，宽 3~10 mm。圆锥花序长不过 15 cm，宽不过 6 cm；小穗柄长于小穗；外稃背部弓状隆起。

生境：生于山地或丘陵林下。

分布：产于我国江西、广东、广西、福建、台湾和云南等省区。

A103 禾本科 Poaceae 弓果黍属 *Cyrtococcum* Stapf

散穗弓果黍

Cyrtococcum patens (L.) A. Camus var. latifolium (Honda) Ohwi

描述：一年生草本，植株被毛。叶长 7~15 cm，宽 1~2 cm，脉间具小横脉。圆锥花序长达 30 cm，宽超过 15 cm；小穗柄远长于小穗。

生境：生于山地或丘陵林下。

分布：产于我国华南、西南地区。

A103 禾本科 Poaceae　䅟属 *Eleusine* Gaertn.

牛筋草

Eleusine indica (L.) Gaertn.

描述：一年生草本。秆丛生。叶鞘压扁而具脊；叶片平展，线形。穗状花序 2~7 个指状着生于秆顶，弯曲，宽 8~10 mm。囊果卵形。

生境：生于村前村后旷野、荒芜之地。

分布：分布于我国南北各省区。世界温带和热带地区广泛分布。

A103 禾本科 Poaceae　画眉草属 *Eragrostis* Wolf

鼠妇草

Eragrostis atrovirens (Desf.) Trin. ex Steud.

描述：多年生草本。叶鞘光滑，鞘口有毛；叶扁平或内卷，上面近基部疏生长毛。圆锥花序开展；小花外稃和内稃同时脱落。

生境：多生于荒芜田野、草地与路边。

分布：分布于我国华南及西南地区。亚洲亚热带地区都有分布。

A103 禾本科 Poaceae　画眉草属 *Eragrostis* Wolf

画眉草

Eragrostis pilosa (L.) P. Beauv.

描述： 一年生草本，高10~60 cm。秆通常具4节。叶片线形，无毛。圆锥花序，分枝腋间有毛；小穗有花3~14朵；第一颖无脉。

生境： 多生于荒芜田野。

分布： 分布于我国各地。广泛分布于世界热带和温带地区。

A103 禾本科 Poaceae　白茅属 *Imperata* Cyrillo

白茅

Imperata cylindrica (L.) P. Beauv.

描述： 具粗壮的长根状茎。秆节无毛。叶鞘聚集于秆基；叶舌具柔毛，分蘖叶片扁平；秆生叶片内卷，顶端呈刺状。圆锥花序稠密；两颖草质。颖果椭圆形。

生境： 适应性强，为空旷地、果园地、撂荒地等极常见杂草。

分布： 分布于我国黄河以南各省区。广泛分布于东半球温暖地区。

A103 禾本科 Poaceae　柳叶箬属 *Isachne* R. Br.

平颖柳叶箬

Isachne truncata A. Camus

描述：多年生草本。节具茸毛。叶片披针形，被细毛。圆锥花序开展，分枝有腺斑，常蛇形弯曲；小穗两花同质同形。颖果近球形。

生境：生于海拔 1000~1500 m 的山坡草地或林缘。

分布：产于我国浙江、江西、福建、贵州、四川、广东、广西。

A103 禾本科 Poaceae　淡竹叶属 *Lophatherum* Brongn

淡竹叶

Lophatherum gracile Brongn.

描述：多年生草本。秆高 40~80 cm，具 5~6 节。叶披针形，长 6~20 cm。圆锥花序；小穗线状披针形。颖果长椭圆形，熟后易刺粘。

生境：生于山坡林下或阴凉处。

分布：分布于我国长江以南大部分省区。

A103 禾本科 Poaceae　芒属 *Miscanthus* Andersson

五节芒

Miscanthus floridulus (Labill.) Warb. ex K. Schum. & Lauterb.

描述：多年生草本。叶披针状线形，中脉隆起。圆锥花序，花序轴长达花序的 2/3 以上，长于总状花序分枝；雄蕊 3 枚。颖果长圆形。

生境：生于山脚湿地或林下。

分布：分布于我国华东、华南各省区。

A103 禾本科 Poaceae　芒属 *Miscanthus* Andersson

芒

Miscanthus sinensis Andersson

描述：多年生草本。叶片下面疏生柔毛及被白粉。圆锥花序，花序轴长达花序的 1/2 以下，短于总状花序分枝；雄蕊 3 枚。颖果长圆形。

生境：生于山坡草地或河边湿地。

分布：分布于我国长江以南各省区。

A103 禾本科 Poaceae　囊颖草属 *Sacciolepis* Nash

囊颖草

Sacciolepis indica (L.) Chase

描 述： 一年生草本，秆高 20~100 cm。叶线形，长 5~20 cm。圆锥花序；小穗斜披针形，长 2~2.5 mm；第一颖为小穗长的 1/3~2/3。颖果椭圆形。

生境： 生于湿地或淡水中，常见于稻田边、林下等地。

分布： 分布于我国华东、华南、西南、中南各省区。

A103 禾本科 Poaceae　狗尾草属 *Setaria* P. Beauv.

棕叶狗尾草

Setaria palmifolia (J. Koenig) Stapf

描述：高大草本。叶片纺锤状宽披针形，宽 2~7 cm，具纵深皱褶。圆锥花序疏松；部分小穗下有 1 条刚毛。颖果卵状披针形。

生境：生于山坡或谷地林下阴湿处。

分布：分布于我国长江以南各省区。

A103 禾本科 Poaceae　狗尾草属 *Setaria* P. Beauv.

皱叶狗尾草

Setaria plicata (Lam.) T. Cooke

描述：多年生草本。叶宽 1~3 cm。圆锥花序狭长圆形或线形；小穗披针形，部分小穗下有 1 条刚毛。颖果狭长卵形，先端具尖头。

生境：生于山坡林下、沟谷地阴湿处或路边杂草地上。

分布：分布于我国长江以南各省区以及喜马拉雅地区。

A103 禾本科 Poaceae　狗尾草属 *Setaria* P. Beauv.

狗尾草

Setaria viridis (L.) P. Beauv

描述：一年生草本。秆直立或基部膝曲。叶片扁平，线状披针形。圆锥花序呈圆柱状；每小穗下有 1 至数条刚毛。颖果灰白色。

生境：生于荒野间。

分布：产于我国各地。广布于全世界的温带和亚热带地区。

A103 禾本科 Poaceae　粽叶芦属 *Thysanolaena* Nees

粽叶芦

Thysanolaena latifolia (Roxb. ex Hornem.) Honda

描述：多年生丛状草本，秆高 2~3 m。叶片披针形，长 20~50 cm。圆锥花序大型，长达 50 cm；小穗微小，具 2 小花。颖果长圆形。

生境：生于丛林中、山上或山谷中。

分布：产于我国台湾、广东、广西、贵州。

A103 禾本科 Poaceae　芦竹属 *Arundo* L.

花叶芦竹

Arundo donax 'Versicolor'

描述： 多年生草本。具发达根状茎。秆粗大直立。叶鞘长于节间；叶片伸长，具白色纵长条纹。圆锥花序极大型，分枝稠密，斜升。颖果细小。

生境： 喜光、喜温、耐水湿，也较耐寒，喜肥沃、疏松和排水良好的微酸性砂质土壤。

分布： 原产我国台湾。

A109 防己科 Menispermaceae　轮环藤属 *Cyclea* Arn. ex Wight

毛叶轮环藤

Cyclea barbata Miers

描述： 草质藤本。叶纸质或近膜质，三角状卵形，两面被伸展长毛，缘毛甚密；掌状脉，叶柄盾状着生。核果近圆球形；果核有乳头状小瘤体。花期秋季，果期冬季。

生境： 生于林中、林缘或村边。

分布： 产于我国海南和广东雷州半岛。

A109 防己科 Menispermaceae　轮环藤属 *Cyclea* Arn. ex Wight

粉叶轮环藤

Cyclea hypoglauca (Schauer) Diels

描述：藤本。叶纸质，盾状着生，阔卵状三角形至卵形，长 2.5~7 cm，掌状脉 5~7 条。雄花序穗状；雌花序总状。核果红色。

生境：生于林缘和山地灌丛。

分布：分布于我国华东、华南和西南地区。

A109 防己科 Menispermaceae　细圆藤属 *Pericampylus* Miers

细圆藤

Pericampylus glaucus (Lam.) Merr.

描述：木质藤本。叶三角状卵形，长 3.5~8 cm，掌状 3~5 脉，顶端有小凸尖。聚伞花序伞房状腋生；花瓣 6，楔形。核果红色或紫色。

生境：生于山谷密林或山坡灌丛中。

A109 防己科 Menispermaceae
千金藤属 *Stephania* Lour.

粪箕笃

Stephania longa Lour.

描述： 草质藤本。叶三角状卵形，盾状着生，掌状脉 10~11 条。聚伞花序腋生；花瓣 4(3)。核果红色，长 5~6 mm，果核背部 2 行小横肋。

生境： 生于山谷、灌丛、旷野中。

分布： 产于我国华南地区及云南。

A109 防己科 Menispermaceae　青牛胆属 ***Tinospora*** **Miers**

中华青牛胆

Tinospora sinensis (Lour.) Merr.

描述： 草质藤本。叶纸质至薄革质，披针状箭形，基部弯缺常很深，掌状脉 5 条。花序腋生，常数个簇生。核果近球形，红色。

生境： 生于林中，也常见栽培。

分布： 产于我国广东、广西和云南三省的南部。

A111 毛茛科 **Ranunculaceae** 铁线莲属 ***Clematis* L.**

厚叶铁线莲

Clematis crassifolia Benth.

描述：藤本。叶纸质，盾状着生，阔卵状三角形至卵形，长 2.5~7 cm，掌状脉 5~7 条。雄花序穗状；雌花序总状。核果红色。

生境：生于林缘和山地灌丛。

分布：分布于我国华东、华南和西南地区。

A111 毛茛科 **Ranunculaceae** 铁线莲属 ***Clematis* L.**

柱果铁线莲

Clematis uncinata Champ. ex Benth.

描述：藤本。羽状复叶有小叶 5~15 枚，叶全缘，两面网脉突出。圆锥状聚伞花序腋生或顶生；萼片 4，开展。瘦果圆柱状钻形。

生境：生于山地、山谷、溪边的灌丛中或林边，或石灰岩灌丛中。

分布：除东北外我国各省区均有分布。

A111 毛茛科 **Ranunculaceae** 毛茛属 ***Ranunculus* L.**

禺毛茛

Ranunculus cantoniensis DC.

描述：多年生草本，高 25~80 cm。三出复叶，叶边缘密生锯齿。多花，疏生；花瓣 5，基部狭窄成爪。聚合果近球形，瘦果扁平。

生境：生于溪边、沟旁、田边湿地上。

分布：分布于我国长江以南各省区。

A112 清风藤科 Sabiaceae　清风藤属 *Sabia* Colebr.

柠檬清风藤

Sabia limoniacea Wall. & Hook. f. & Thomson

描述：常绿攀援木质藤本。叶革质，椭圆形，宽 4~6 cm；侧脉每边 6~7 条，无毛。聚伞花序。核果近圆形或肾形，直径 10~14 mm。

生境：生于山地林中。

分布：分布于我国云南、广东。

A120 五桠果科 Dilleniaceae　锡叶藤属 *Tetracera* L.

锡叶藤

Tetracera sarmentosa (L.) Vahl.

描述：常绿木质藤本。叶长圆形，侧脉 10~15 对，在下面显著突起。圆锥花序；萼片 5，离生；花瓣通常 3。果熟时黄红色。

生境：生于低海拔山地疏林和灌丛中。

分布：分布于我国广东、广西。

A123 蕈树科 Altingiaceae　枫香树属 *Liquidambar* L.

枫香树

Liquidambar formosana Hance

描述： 落叶乔木，高达 30 m。叶基部心形，掌状 3 裂。雄性短穗状花序；雌性头状花序；萼齿长 4~8 mm。头状果序直径 3~4 cm。

生境： 生于山地、丘陵或荒山灌丛中。

分布： 产于我国秦岭和淮河以南各省。

A124 金缕梅科 Hamamelidaceae　檵木属 *Loropetalum* R. Brown

红花檵木

Loropetalum chinense (R. Br.) Oliv. var. rubrum Yieh

描述： 叶全缘，革质，卵形，先端尖锐，基部钝，上面略有粗毛或秃净，下面被星毛，稍带灰白色。花紫红色。蒴果卵圆形，被褐色星状茸毛。

生境： 园艺栽培品种。

分布： 我国各地广泛栽培。

A124 金缕梅科 Hamamelidaceae　红花荷属 *Rhodoleia* Champ. ex Hook. f.

红花荷

Rhodoleia championii Hook. f.

描述：常绿乔木。叶厚革质，卵形，三出脉，下面灰白色。头状花序，有鳞状小苞片；花瓣匙形，红色。头状果序，蒴果卵圆形。种子扁平。花期3~4月。

生境：生于山地常绿林中。

分布：我国广东特有植物。

A126 虎皮楠科 Daphniphyllaceae　交让木属 *Daphniphyllum* Blume

牛耳枫

Daphniphyllum calycinum Benth.

描述：灌木，高1~4 m。叶阔椭圆形或倒卵形，长12~16 cm。总状花序腋生；雄花花萼盘状，3~4浅裂；雌花萼片3~4。果卵圆形。

生境：多生于海拔60~850 m的疏林或灌丛中。

分布：分布于我国广西、广东、福建、江西等省区。

A134 小二仙草科 Haloragaceae　小二仙草属 *Haloragis* J. R. Forst. & G. Forst.

黄花小二仙草

Gonocarpus chinensis (Lour.) Orchard

描述：陆生喜湿草本。叶长椭圆形至线状披针形，叶面被紧贴柔毛。总状花序组成圆锥花序顶生；花瓣 4。坚果极小，近球形。

生境：生于潮湿的荒山草丛中。

分布：分布于我国华南、华中、西南地区。

A136 葡萄科 Vitaceae　蛇葡萄属 *Ampelopsis* Michx.

广东蛇葡萄

Ampelopsis cantoniensis (Hook. & Arn.) Planch.

描述：木质藤本。卷须 2 叉分枝。常二回羽状复叶，基部 1 对为 3 小叶。多歧聚伞花序与叶对生；花瓣 5。浆果近球形，直径 0.5~0.6 cm。

生境：生于海拔 100~850 m 的山谷林中或山坡灌丛。

分布：分布于我国长江以南各省区。

A136 葡萄科 Vitaceae　乌蔹莓属 *Causonis* Raf.

角花乌蔹莓

Causonis corniculata (Benth.) Gagnep.

描述：草质藤本。小叶 5 指状，中央小叶长椭圆状披针形，长 3.5~9 cm，宽 1.5~3 cm。伞形花序；花瓣 4，三角状卵圆形。浆果圆形。

生境：生于低海拔的潮湿山谷、林中。

分布：分布于我国福建、广东。

A136 葡萄科 Vitaceae　乌蔹莓属 *Causonis* Raf.

乌蔹莓

Causonis japonica (Thunb.) Gagnep.

描述：藤本。卷须 2~3 分枝。小叶 5 指状，中央小叶长圆形，长 2.5~4.5 cm，宽 1.5~4.5 cm。复二歧聚伞花序腋生；花瓣 4。果实近球形。

生境：生于山坡、路旁草丛或灌丛中。

分布：产于我国除东北外湿润区及半湿润区。

A140 豆科 Fabaceae　相思子属 *Abrus* Adans.

相思子

Abrus precatorius L.

描述：藤本。羽状复叶，小叶 8~13 对，膜质，对生，近长圆形。总状花序；花冠紫色。荚果长圆形。种子椭圆形，上部为鲜红色，下部为黑色。

生境：生于山地疏林中。

分布：产于我国台湾、广东、广西、云南。

A140 豆科 Fabaceae　相思子属 *Abrus* Adans.

毛相思子

Abrus pulchellus Wall. ex Thwaites subsp. mollis (Hance) Verdc.

描述：藤本。小叶 10~16 对，长圆形，长 1~2.5 cm，宽 5~10 mm。总状花序腋生；花长 3~9 mm，粉红或淡紫色。荚果长圆形，长 3.5~5 cm。

生境：生于山谷或路旁疏林、灌丛中。

分布：产于我国福建、广东、广西。

A140 豆科 Fabaceae　金合欢属 *Acacia* Mill.

大叶相思

Acacia auriculiformis A. Cunn. ex Benth.

描述： 乔木。叶状柄镰刀状，互生，长 10~20 cm，宽 1.5~6 cm。穗状花序；花瓣长圆形，橙黄色。荚果熟时涡状扭曲，宽 8~12 mm。

生境： 为造林绿化和改良土壤的主要树种。

分布： 我国广东、广西、福建有引种。原产澳大利亚北部及新西兰。

A140 豆科 Fabaceae　金合欢属 *Acacia* Mill.

台湾相思

Acacia confusa Merr.

描述： 乔木。叶状柄披针形，长 6~10 cm，宽 2~6 mm，有明显的纵脉 3~5(8) 条。头状花序，单生或 2~3 个簇生叶腋；花金黄色。荚果扁平。

生境： 多生于低海拔的疏林中。

分布： 分布于我国华东、华南地区及云南。

A140 豆科 Fabaceae　金合欢属 *Acacia* Mill.

马占相思

Acacia mangium Willd.

描述： 乔木。叶状柄纺锤形，长 12~15 cm，宽 3.5~9 cm，纵向平行脉 4 条。穗状花序腋生，下垂。荚果涡状扭曲，宽 3~5 mm。种子黑色。

生境： 喜光，喜温暖湿润气候，不耐寒；耐贫瘠土壤；生长较快。

分布： 原产澳大利亚东北部、巴布亚新几内亚等湿润热带地区。

A140 豆科 Fabaceae　海红豆属 *Adenanthera* L.

海红豆

Adenanthera microsperma Teijsm. & Binn.

描述： 落叶乔木。二回羽状复叶，羽片 4~7 对，小叶 4~7 对；小叶互生，长圆形或卵形。总状花序；雄蕊 10 枚。荚果狭长圆形，开裂后旋卷。

生境： 多生于山沟、溪边或栽培于庭园。

分布： 产于我国云南、贵州、广西、广东、福建和台湾。

A140 豆科 Fabaceae　链荚豆属 *Alysicarpus* Neck. ex Desv.

链荚豆

Alysicarpus vaginalis (L.) DC.

描述：草本，高 30~90 cm。仅单小叶，上部卵状长圆形，长 3~6.5 cm，下部卵形，长 1~3 cm。总状花序有花 6~12 朵。荚果扁圆柱形。

生境：生于旷野、草坡、路旁或海边沙地。

分布：分布于福建、广东、海南、广西、云南和台湾等省区。

A140 豆科 Fabaceae　崖豆藤属 *Millettia* Wight & Arn.

密花崖豆藤

Callerya congestiflora (T. C. Chen) Z. Wei & Pedley

描述：藤本。奇数羽状复叶；小叶 2 对，阔椭圆形。圆锥花序；旗瓣基部无胼胝体；二体雄蕊。果密被茸毛。种子长圆形。

生境：生于海拔 500~1200 m 的山地杂木林中。

分布：产于我国安徽、江西、湖北、湖南、广东、四川。

A140 豆科 Fabaceae　崖豆藤属 ***Millettia*** **Wight & Arn.**

喙果鸡血藤

Callerya tsui (Gagnep.) Schot

描述：藤本。羽状复叶；小叶常 1 对，有时 2 对，阔椭圆形。圆锥花序；旗瓣被毛，基部无胼胝体；二体雄蕊。果顶端有钩喙。

生境：生于山地杂木林中。

分布：产于我国湖南、广东、海南、广西、贵州、云南。

A140 豆科 Fabaceae　黄檀属 ***Dalbergia*** **L. f.**

降香

Dalbergia odorifera T. Chen

描述：乔木。羽状复叶，复叶长 12~25 cm；小叶 (3)4~5(6) 对，卵形或椭圆形。圆锥花序腋生，分枝呈伞房花序状。荚果舌状长圆形，有种子 1~2 粒。

生境：生于中海拔有山坡疏林中、林缘或旷地上。

分布：产于海南，我国南方多有栽培。

A140 豆科 Fabaceae　凤凰木属 *Delonix* Raf.

凤凰木

Delonix regia (Bojer ex Hook.) Raf.

描述：落叶乔木。树冠扁圆形，分枝多而开展。二回偶数羽状复叶；小叶密集对生，长圆形，基部偏斜。花瓣 5，匙形，红色。荚果带形。

生境：我国南方常见栽培于园林、庭院、道路旁。

分布：原产马达加斯加，世界热带地区常栽种。

A140 豆科 Fabaceae　银合欢属 *Leucaena* Benth.

银合欢

Leucaena leucocephala (Lam.) de Wit

描述：灌木或小乔木。二回羽状复叶；羽片 4~8 对；小叶 5~15 对；羽轴最下羽片着生处有 1 腺体。头状花序常 1~2 个腋生。荚果带状。

生境：生于低海拔的荒地或疏林中。

分布：产于我国台湾、福建、广东、广西和云南。

A140 豆科 Fabaceae　鸡血藤属 *Callerya* Endl.

光荚含羞草

Mimosa bimucronata (DC.) Kuntze

描述：小乔木。二回羽状复叶；羽片 6~7 对；小叶 12~16 对，长 5~7 mm，宽 1~1.5 mm，被短柔毛。头状花序球形。荚果带状，无毛。

生境：耐热、耐涝、耐旱，常作为护坡和护岸堤植物。

分布：原产于热带美洲。

A140 豆科 Fabaceae　鸡血藤属 *Callerya* Endl.

含羞草

Mimosa pudica L.

描述：草本。二回羽状复叶；羽片 2 对；小叶 10~20 对。头状花序腋生；花淡红色；雄蕊 4 枚，伸出于花冠之外。荚果被毛，荚缘波状。

生境：生于旷野荒坡草地。

分布：原产热带美洲。我国华南有逸生。

A140 豆科 Fabaceae　黧豆属 *Mucuna* Adans.

黧豆

Mucuna pruriens var. utilis (Wall. ex Wight) Baker ex Burck

描述：一年生缠绕藤本。羽状复叶具 3 小叶；顶生小叶明显地比侧生小叶小，侧生小叶极偏斜。总状花序；花冠深紫色或带白色。荚果。种子长圆状。

生境：主要为栽培、种植。

分布：我国热带、亚热带地区均有栽培。

A140 豆科 Fabaceae　红豆属 *Ormosia* Jacks.

海南红豆

Ormosia pinnata (Lour.) Merr.

描述：常绿乔木或灌木。奇数羽状复叶；小叶 3（4）对，披针形。圆锥花序顶生；花萼钟状；花冠粉红色而带黄白色。荚果。种子 1~4 粒，椭圆形，种皮红色。

生境：生于中海拔及低海拔的山谷、山坡、路旁森林中。

分布：分布于我国华南地区。

A140 豆科 Fabaceae　葛属 *Pueraria* DC.

葛

Pueraria montana (Lour.) Merr.

描述：粗壮藤本。羽状 3 小叶；小叶三裂；托叶基部着生。总状花序；花萼长 8~10 mm；旗瓣长 10~18 mm。荚果扁平，宽 8~11 mm。

生境：生于山地疏林或密林中。

分布：分布于除新疆、青海及西藏外我国南北各地。

A140 豆科 Fabaceae　番泻决明属 *Senna* Mill.

黄槐决明

Senna surattensis (Burm. f.) H. S. Irwin & Barneby

描述: 灌木或小乔木。树皮颇光滑。小叶 7~9 对，下面粉白色。总状花序腋生；花瓣黄色，卵形。荚果带状，顶端具细长的喙。

生境： 我国华东、华南地区有栽培。

分布： 我国华南地区广泛栽培。

A140 豆科 Fabaceae　田菁属 *Sesbania* Scop.

田菁

Sesbania cannabina (Retz.) Poir.

描述： 一年生草本。羽状复叶；小叶 20~30 对，线状长圆形，宽 2.5~4 mm。总状花序；花长不及 2 cm。荚果长圆柱形，宽约 3 mm。

生境： 生于水田、水沟等潮湿低地。

分布： 我国华南、华东、华中、西南地区有栽培或逸为野生。

A140 豆科 Fabaceae　羊蹄甲属 *Bauhinia* L.

红花羊蹄甲

Bauhinia × *blakeana* Dunn

描述：乔木。叶互生，先端2裂达叶长的1/4~1/3，基出脉9条。总状花序顶生或腋生；花瓣5，紫红色；能育雄蕊5，不育5枚。不结果。

生境：主要栽培为行道树。

分布：我国华南地区广泛栽培。

A140 豆科 Fabaceae　羊蹄甲属 *Bauhinia* L.

洋紫荆

Bauhinia variegata L.

描述： 乔木。叶宽度常超过于长度，先端 2 裂达叶长的 1/3。花序伞房状；花瓣具黄绿斑纹；能育雄蕊 5 枚。荚果扁条形，长 15~25 cm。

生境： 热带、亚热带地区广泛栽培。

分布： 分布于我国南部。

A140 豆科 Fabaceae　朱缨花属 *Calliandra* Benth.

朱缨花

Calliandra haematocephala Hassk.

描述： 灌木或小乔木。二回羽状复叶；羽片 1 对；小叶 7~9 对。头状花序；雄蕊多数；花丝基部合生成管状。荚果自顶端 2 瓣开裂。

生境： 我国华东、华南地区有栽培。

分布： 原产于南美洲。

A140 豆科 Fabaceae　刺桐属 *Erythrina* L.

鸡冠刺桐

Erythrina crista-galli L.

描述：落叶灌木或小乔木，茎和叶柄稍具皮刺。羽状复叶具 3 小叶。花与叶同出，总状花序顶生；花深红色。荚果褐色。种子间缢缩；种子大，亮褐色。

生境：我国华东、华南、西南地区有栽培。

分布：原产于巴西。

A143 蔷薇科 Rosaceae　桃属 *Amygdalus* L.

桃

Amygdalus persica L.

描述：落叶乔木。叶长圆披针形至倒卵状披针形，叶缘具齿；叶柄常具腺体。花单生，先叶开放；花瓣粉红色，罕白色。核果。

生境：我国各地广泛栽培。

分布：原产于我国。

A143 蔷薇科 Rosaceae　樱属 *Cerasus* Mill.

钟花樱桃

Cerasus campanulata (Maxim.) A. N. Vassiljeva

描述： 乔木或灌木。叶长 4~7 cm，有急尖锯齿；叶柄顶端常有 2 腺体。萼筒钟状；花瓣倒卵状长圆形，粉红色，先端下凹。核果卵圆形。

生境： 生于海拔 200~1000 m 的山地林中。

分布： 分布于我国华东、华南地区。

A143 蔷薇科 Rosaceae　石斑木属 *Rhaphiolepis* Lindl.

石斑木

Rhaphiolepis indica (L.) Lindl. ex Ker Gawl.

描述： 灌木。叶常聚生枝顶，卵形，长 2~8 cm，宽 1.5~4 cm，边缘细锯齿；叶柄长 5~18 mm。圆锥或总状花序顶生；花瓣 5。果球形。

生境： 生于海拔 20~1800 m 的山地和丘陵的灌丛或林中。

分布： 分布于我国长江以南各省区。

A143 蔷薇科 Rosaceae　悬钩子属 *Rubus* L.

粗叶悬钩子

Rubus alceifolius Poir.

描述：攀援灌木。全株被锈色长柔毛。单叶，近圆形，边不规则 3~7 裂。顶生狭圆锥花序或近总状；花瓣白色。聚合果红色。

生境：生于山地林中或灌丛。

分布：分布于我国长江以南各省区。

A143 蔷薇科 Rosaceae　悬钩子属 *Rubus* L.

大乌泡

Rubus pluribracteatus L. T. Lu & Boufford

描述：灌木。具钩状小皮刺。单叶，近圆形，上面有柔毛和密集的小凸起，边缘掌状 7~9 浅裂，有不整齐粗锯齿，掌状 5 出脉。果实球形，红色。花期 4~6 月，果期 8~9 月。

生境：生于山坡及沟谷阴处灌木林内、林缘或路边。

分布：分布于我国华南、西南地区。

A143 蔷薇科 Rosaceae　悬钩子属 *Rubus* L.

锈毛莓

Rubus reflexus Ker

描述：攀援灌木。枝具疏小皮刺。单叶，心状长卵形，3~5 浅裂。总状花序；花梗、总花梗、萼片密被茸毛；花瓣白色。果近球形。

生境：生于海拔 300~1000 m 的山坡林中或灌丛中。

分布：分布于我国华东、华南地区。

空心泡

Rubus rosaefolius Sm.

描述：直立或攀援灌木。疏生较直立皮刺。小叶 5~7 枚，卵状披针形，边缘有尖锐缺刻状重锯齿；花瓣白色。果实卵球形，红色。花期 3~5 月，果期 6~7 月。

生境：生于海拔 50~500 m 的山地林中或灌丛中。

分布：分布于我国长江以南各省区。

A148 榆科 Ulmaceae　朴属 *Celtis* L.

朴树

Celtis sinensis Pers.

描述：乔木。单叶互生，基部明显 3 出脉，叶脉在未达边之前弯曲。花具柄；萼片覆瓦状排列。核果直径 5 mm；柄长 5~10 mm。

生境：生于路旁、溪边或疏林中。

分布：分布于我国黄河以南地区。

A148 榆科 Ulmaceae　山黄麻属 *Trema* Lour.

光叶山黄麻

Trema cannabina Lour.

描述：灌木或小乔木。叶卵形，长 4~10 cm，宽 1.8~4 cm，边缘具齿。雌雄同株；雌花序常生于上部，或雌雄同序。核果近球形。

生境：生于低海拔山坡、旷野的疏林或灌丛中。

分布：分布于我国长江以南各省区。

A148 榆科 Ulmaceae　山黄麻属 *Trema* Lour.

山黄麻

Trema tomentosa (Roxb.) H. Hara

描述：乔木。单叶互生，宽卵形或卵状矩圆形，长 7~15 cm，宽 3~7 cm，边缘有细锯齿，偏斜，被毛。花单性；花被片 5。核果小。

生境：生于山谷林中。

分布：分布于我国长江以南各省区。

A150 桑科 Moraceae　波罗蜜属 *Artocarpus* J. R. Forst. & G. Forst.

波罗蜜

Artocarpus macrocarpus Dancer

描述：常绿乔木。托叶抱茎环状。叶革质，螺旋状排列；托叶抱茎。花雌雄同株。聚花果椭圆形至球形；核果长椭圆形。花期 2~3 月。

生境：主要栽培为庭荫树和行道树。

分布：我国华南、西南地区有栽培。

A150 桑科 Moraceae　构属 *Broussonetia* L'H é r. ex Vent.

构树

Broussonetia papyrifera (L.) L'H é r. ex Vent.

描述：乔木，高 10~20 m。树皮暗灰色。叶长 6~18 cm，宽 5~9 cm，边缘具粗锯齿，不分裂或 3~5 裂。聚花果直径 1.5~3 cm，成熟时橙红色，肉质；瘦果具与之等长的柄。

生境：多生于村旁旷地上。

分布：分布于我国南北各地。

A150 桑科 Moraceae　榕属 *Ficus* L.

高山榕

Ficus altissima Blume

描述：乔木。叶广卵形，长 7~27 cm，宽 4~17 cm，先端钝。雄花散生榕果内壁，花被片 4。瘦果直径 1.5~2.5 cm，表面有瘤状凸体。

生境：城市绿化树种。

分布：我国南方有栽培。

A150 桑科 Moraceae　榕属 *Ficus* L.

垂叶榕

Ficus benjamina L.

描述： 乔木。枝下垂。叶长 3.5~10 cm，宽 2~5.8 cm，边缘波浪状。雄花、瘿花、雌花同生于一榕果中。果无柄，直径 1~1.5 cm。

生境： 我国南方有栽培。

分布： 分布于我国华南、西南。

A150 桑科 Moraceae　榕属 *Ficus* L.

雅榕

Ficus concinna Miq.

描述： 乔木。叶狭椭圆形，全缘，基部楔形，托叶披针形。榕果成对腋生或 3~4 个簇生于无叶小枝叶腋，球形；榕果无总梗或不超过 0.5 mm。花、果期 3~6 月。

生境： 生于海拔 900~1600 m 密林中或村寨附近。

分布： 分布于我国华南、西南地区。

A150 桑科 Moraceae　榕属 *Ficus* L.

印度榕

Ficus elastica Roxb. ex Hornem.

描述：乔木。叶长 8~30 cm，宽 4~11 cm；托叶膜质，深红色。雄花、瘿花、雌花同生于内壁。果无柄，直径 5~8 mm，表面有小瘤体。

生境：城市绿化树种。

分布：我国南方有栽培。

A150 桑科 Moraceae　榕属 *Ficus* L.

黄毛榕

Ficus esquiroliana H. L é v.

描述：小乔木或灌木。叶互生，广卵形，长 10~27 cm，宽 8~25 cm。雄花生榕果内壁口部。果着生叶腋内，直径 2~3 cm，表面有瘤体。

生境：生于山谷、溪边林中。

分布：分布于我国华南、西南地区及台湾。

A150 桑科 Moraceae　榕属 *Ficus* L.

台湾榕

Ficus formosana Maxim.

描述：常绿灌木，高 1.5~3 m。叶倒披针形，长 4~12 cm，宽 1.5~3.5 cm，叶面有瘤体。雄花散生榕果内壁。果卵形，直径 6~8 mm。

生境：生于溪边、旷野的疏林或灌木丛中。

分布：分布于我国长江以南各省区。

A150 桑科 Moraceae　榕属 *Ficus* L.

粗叶榕

Ficus hirta Vahl

描述：常绿灌木或小乔木。全株被长硬毛。叶互生，卵形，长 6~33 cm，宽 2~30 cm，不裂至 3~5 裂，边缘有锯齿。果直径 1~2 cm。

生境：生于旷野、山地灌丛或疏林中。

分布：分布于我国长江以南各省区。

A150 桑科 Moraceae　榕属 *Ficus* L.

对叶榕

Ficus hispida L. f.

描述: 灌木或小乔木。叶通常对生，厚纸质，卵状长椭圆形或倒卵状矩圆形。榕果陀螺形，成熟黄色；雄花生于其内壁口部。

生境: 生于山谷、溪边、疏林或灌木丛中、池塘边或河边近水处。

分布: 分布于我国华南至西南地区。

A150 桑科 Moraceae　榕属 *Ficus* L.

榕树

Ficus microcarpa L. f.

描述: 乔木。叶薄革质，狭椭圆形，长 3.5~10 cm，宽 2~5.5 cm，基生叶脉延长。雄花、雌花和瘿花同生于一榕果内。瘦果卵圆形。

生境: 城市绿化树种。

分布: 我国长江以南各省区都有栽培。

A150 桑科 Moraceae　榕属 *Ficus* L.

薜荔

Ficus pumila L.

描述： 攀援或匍匐藤本。不结果枝节叶卵状心形；结果枝上叶卵状椭圆形，长 4~12 cm，宽 1.5~4.5 cm。果倒锥形，大，直径 3~4 cm。

生境： 生于村郊、旷野，常攀附于残墙破壁或树上。

分布： 分布于我国长江以南各省区及陕西。

A150 桑科 Moraceae　榕属 *Ficus* L.

舶梨榕

Ficus pyriformis Hook. & Arn.

描述： 灌木。叶倒披针形，长 4~17 cm，宽 1~5 cm，全缘稍背卷。雄花近口部；雌花生另一植株榕果内壁。果梨形，肉质，直径 1~2 cm。

生境： 生于中海拔的山谷、沟边。

分布： 分布于我国华南地区及福建。

A150 桑科 Moraceae　榕属 *Ficus* L.

斜叶榕

Ficus tinctoria G. Forst. subsp. gibbosa (Blume) Corner

描述：乔木或附生植物。叶革质，变异很大，长 5~15 cm，宽 3~6 cm，基部不对称，侧脉 5~7 对。瘦果椭圆形，果直径 5~8 mm，表面有瘤体。

生境：生于海拔 200~600 m 山谷湿润林中或岩石上。

分布：分布于我国华南、华东、西南地区。

A150 桑科 Moraceae　榕属 *Ficus* L.

青果榕

Ficus variegata Blume

描述：乔木，树皮灰色。叶全缘；叶柄长 5~6.8 cm，榕果基部收缩成短柄，成熟时绿色至黄色。花被合生。花、果期春季至秋季。

生境：生于低海拔沟谷中。

分布：分布于我国华南、西南地区。

A150 桑科 Moraceae　桑属 *Morus* L.

桑

Morus alba L.

描述： 乔木或灌木。叶面光滑无毛，长达 19 cm，宽达 11.5 cm；叶柄长达 6 cm。雌雄花序均穗状；雄蕊序长 2~3.5 cm。聚花果卵状椭圆。

生境： 全国各地广泛栽培。

分布： 原产于我国中部和北部。

A151 荨麻科 Urticaceae　苎麻属 *Boehmeria* Jacq.

苎麻

Boehmeria nivea (L.) Gaudich.

描述： 灌木或亚灌木。茎上部与叶柄密被长硬毛。叶圆卵形或宽卵形，互生；托叶分生，钻状披针形。圆锥花序腋生。瘦果近球形。

生境： 多生于石灰岩风化土中或溪涧边土质较肥的湿润处。

分布： 分布于我国黄河以南各省区。

A151 荨麻科 Urticaceae　冷水花属 *Pilea* Lindl.

小叶冷水花

Pilea microphylla (L.) Liebm.

描述：纤细小草本。茎肉质，密布钟乳体。叶很小，同对不等大，倒卵形，长 5~20 mm，宽 2~5 mm。雌雄同株；聚伞花序。瘦果卵形。

生境：生于路边石缝和墙上阴湿处。

分布：原产于南美洲。我国热带、亚热带地区广泛分布。

A151 荨麻科 Urticaceae　雾水葛属 *Pouzolzia* Gaudich.

雾水葛

Pouzolzia zeylanica (L.) Benn. & R. Br.

描述：多年生草本。叶全部对生，或茎顶对生，长 1~3.5 cm，上面被毛。团伞花序通常两性；花被外面被毛。瘦果卵球形，有光泽。

生境：生于平地的草地上或田边，丘陵或低山的灌丛中或疏林中、沟边。

分布：分布于我国长江以南各省区。

A153 壳斗科 Fagaceae　锥属 *Castanopsis* (D. Don) Spach

罴蒴锥

Castanopsis fissa (Champ. ex Benth.) Rehder & E. H. Wilson

描述：乔木，高约 10 m。叶 2 列，稍大，倒卵状披针形，长 11~23 cm，宽 5~9 cm，侧脉 15~20 对。果熟时基部连成 4~5 个同心环。

生境：生于山地林中。

分布: 分布于我国华南、华东、华中、西南地区。

A168 卫矛科 Celastraceae　南蛇藤属 *Celastrus* L.

独子藤

Celastrus monospermus Roxb.

描述：常绿藤本。小枝有皮孔。叶片近革质，边缘具细锯齿；花黄绿色或近白色；蒴果，阔椭圆状，裂瓣椭圆形，干时反卷，边缘皱缩成波状。花期 3~6 月，果期 6~10 月。

生境：生于海拔 300~1 500 m 山坡密林中或灌丛湿地上。

分布：分布于我国华南、西南地区。

A171 酢浆草科 Oxalidaceae　酢浆草属 *Oxalis* L.

酢浆草

Oxalis corniculata L.

描述： 草本。茎细弱，多分枝，匍匐茎节上生根。叶基生或茎上互生；小叶 3，倒心形。花单生或伞形花序状。蒴果长圆柱形。

生境： 生于旷地、园地或田边等处。

分布： 我国广泛分布。

A171 酢浆草科 Oxalidaceae　酢浆草属 *Oxalis* L.

红花酢浆草

Oxalis corymbosa DC.

描述： 多年生直立草本。地下部分有球状鳞茎。叶基生；小叶 3，扁圆状倒心形。二歧聚伞花序；花瓣 5，紫色。蒴果室背开裂。

生境： 多生于旷野或园地上。

分布： 原产于南美洲热带地区。

A173 杜英科 Elaeocarpaceae　杜英属 *Elaeocarpus* L.

水石榕

Elaeocarpus hainanensis Oliv.

描述：小乔木。叶革质，狭窄倒披针形，长 7~15 cm，宽 1.5~3 cm。总状花序生当年枝的叶腋内；苞片叶状；花瓣白色。核果纺锤形。花期 6~7 月。

生境：喜生于低湿处及山谷水边。

分布：分布于我国华南地区及云南。

A173 杜英科 Elaeocarpaceae　杜英属 *Elaeocarpus*

长芒杜英

Elaeocarpus L. *apiculatus* Mast.

描述：乔木，树皮灰色。叶聚生于枝顶，革质，倒卵状披针形，长 11~20 cm，宽 5~7.5 cm。总状花序。核果椭圆形，具有褐色茸毛。

生境：生于低海拔山谷中。

分布: 分布于我国华南、西南地区。

A186 金丝桃科 Hypericaceae　黄牛木属 *Cratoxylum* Blume

黄牛木

Cratoxylum cochinchinense (Lour.) Blume

描述：落叶灌木或乔木。叶对生，椭圆形至长椭圆形，叶背有透明腺点及黑点。聚伞花序；花瓣粉红、深红至红黄色。蒴果椭圆形。

生境：常生于低海拔山地、丘陵的疏林或灌丛中。

分布：分布于广东、广西及云南。

A200 堇菜科 Violaceae　堇菜属 *Viola* L.

如意草

Viola arcuata Blume

描述：多年生草本。地上茎丛生，节间较长；匍匐枝蔓生，节上生不定根。基生叶，叶柄上部具狭翅。花淡紫色或白色；具暗紫色条纹。蒴果长圆形。

生境：生于山谷灌丛阴湿处。

分布：我国除西部高原或干燥地区外，大部分省区均有分布。

A200 堇菜科 Violaceae　堇菜属 *Viola* L.

长萼堇菜

Viola inconspicua Blume

描述: 多年生草本。植株无茎，无匍匐枝。叶基生，莲座状，叶片三角形，宽 1~3.5 cm。花淡紫色，有暗色条纹。蒴果长圆形。

生境: 生于山地草坡、平地、田野或河边。

分布: 分布于我国长江以南及陕西、甘肃地区。

A204 杨柳科 Salicaceae　柳属 *Salix* L.

垂柳

Salix babylonica L.

描述: 乔木。树皮不规则开裂。叶狭披针形，宽 5~15 mm，锯齿缘。葇荑花序先叶开放或与叶同时开放；具毛。蒴果绿黄褐色。

生境: 我国各地有栽培。

分布: 分布于我国长江流域与黄河流域。

A207 大戟科 **Euphorbiaceae** 铁苋菜属 ***Acalypha* L.**

铁苋菜

Acalypha australis L.

描述：一年生草本。叶长卵形，边缘具圆锯；叶柄具毛。雌雄花同序，腋生；雌花苞片 1~2 枚，长约 10 mm，有齿。蒴果具 3 个分果爿。

生境：生于村边、路旁等空旷地上。

分布：我国除西部高原或干燥地区外，大部分省区均有分布。

A207 大戟科 **Euphorbiaceae** 铁苋菜属 ***Acalypha* L.**

红桑

Acalypha wilkesiana M ü ll. Arg.

描述：灌木。叶纸质，阔卵形，古铜绿色或浅红色，边缘具粗圆锯齿；基出脉 3~5 条。雌雄同株，雌雄花异序。蒴果具 3 个分果爿。种子球形。花期几全年。

生境：我国南方地区常见栽培。

分布：原产于太平洋岛屿。

A207 大戟科 Euphorbiaceae　山麻杆属 *Alchornea* Sw.

山麻杆

Alchornea davidii Franch.

描述：落叶灌木。叶薄纸质，阔卵形或近圆形，边缘具齿，基部具斑状腺体 2 或 4，基出脉 3。雌雄异株。蒴果近球形，具 3 圆棱。花期 3~5 月，果期 6~7 月。

生境：生于沟谷、溪畔、河边的坡地灌丛中。

分布: 分布于我国华南、西南、西北、华中地区。

A207 大戟科 Euphorbiaceae　山麻杆属 **Alchornea Sw.**

红背山麻杆

Alchornea trewioides (Benth.) Muell. Arg.

描述：灌木，高 1~2 m。叶 3 基出脉，下面浅红，叶基具 4 腺体；2 托叶。雄花序穗状，长 7~15 cm；雌花序总状。蒴果球形，具 3 圆棱。

生境: 生于沿海平地、山地灌丛或疏林下。

分布：分布于我国南亚热带以南地区。

A207 **大戟科 Euphorbiaceae　蝴蝶果属 *Cleidiocarpon* Airy Shaw**

蝴蝶果

Cleidiocarpon cavaleriei (H. L é v.) Airy Shaw

描述： 乔木。叶长6~22 cm，先端渐尖，基部楔形；叶柄顶端枕状，基部具叶枕。圆锥花序，雄花生于花序上部；核果偏斜卵球形或双球形，不裂。

生境： 生于山地或石灰岩山的山坡或沟谷常绿林中。

分布: 分布于我国华南、西南地区。

A207 **大戟科 Euphorbiaceae　变叶木属 *Codiaeum* A. Juss.**

变叶木

Codiaeum variegatum (L.) Rumph. ex A. Juss.

描述： 灌木或小乔木。枝有明显叶痕。叶薄革质，两面无毛，颜色多变。总状花序腋生，雌雄同株异序。蒴果近球形。花期9~10月。

生境： 我国南部各省区常见栽培。

分布： 原产于亚洲马来半岛至大洋洲。

A207 大戟科 Euphorbiaceae　大戟属 *Euphorbia* L.

飞扬草

Euphorbia hirta L.

描述：一年生草本。叶菱状椭圆形，长 1~3 cm，宽 5~17 mm，边具锯齿，有时具紫色斑。花序密集呈球状。蒴果。种子具 4 棱。

生境：生于村镇路旁或草地上。

分布：分布于我国长江以南各省区。

A207 大戟科 Euphorbiaceae　大戟属 *Euphorbia* L.

地锦草

Euphorbia humifusa Willd. ex Schltdl

描述：匍匐草本。茎无毛。叶斜长圆形，长 5~10 mm，边具微齿，两侧不对称。花序腋生；附属体白色。蒴果三棱状卵球形，径约 2.2 mm，无毛。

生境：生于原野荒地、路旁、田间、沙丘、海滩、山坡等地。

分布：除海南外，分布于全国。

A207 大戟科 Euphorbiaceae　大戟属 *Euphorbia* L.

通奶草

Euphorbia hypericifolia L.

描述：一年生草本。叶对生，狭长圆形，基部圆形，常偏斜，不对称。花序数个簇生于叶腋或枝顶。蒴果三棱状。种子卵棱状。花、果期 8~12 月。

生境：生于路旁杂草地、旱地或石山山脚。

分布：分布于我国长江以南各省区。

A207 大戟科 Euphorbiaceae　海漆属 *Excoecaria* L.

红背桂

Excoecaria cochinchinensis Lour.

描述：常绿灌木。叶对生，狭椭圆形或长圆形，边缘有疏细齿，背面红。雌雄异株；聚集成腋生或稀顶生的总状花序。蒴果球形。

生境：我国华南、华东、西南等地有栽培。

分布：我国广西龙州有野生。

A207 大戟科 Euphorbiaceae　粗毛野桐属 *Hancea* Seem.

粗毛野桐

Hancea hookeriana Seem.

描述： 灌木或乔木，高1.5~6 m。同一对生叶形态不同；小型叶退化成托叶状，长1~1.2 cm。雄花序总状，雌花单生。蒴果被星状毛和皮刺。

生境： 生于海拔500~800 m山地林中。

分布： 分布于我国华南地区。

A207 大戟科 Euphorbiaceae　野桐属 *Mallotus* Lour.

白背叶

Mallotus apelta (Lour.) M ü ll. Arg.

描述： 灌木或小乔木。叶互生，5基出脉，叶背白色，基部近叶柄处有2腺体。雄花多朵簇生；雌花序穗状，长30 cm。蒴果近球形。

生境： 生于荒地灌丛或山坡疏林中。

分布： 分布于我国南方各省区。

A207 大戟科 Euphorbiaceae　野桐属 *Mallotus* Lour.

小果野桐

Mallotus microcarpus Pax & K. Hoffm.

描述：灌木。叶互生，卵形或卵状三角形，散生黄色颗粒状腺点，3~5 基出脉，基部有 2~4 腺体。总状花序。蒴果扁球形，散生腺点。

生境：生于海拔 300~1000 m 疏林中或林缘灌丛中。

分布：分布于我国华南、华中、华东、西南地区。

A207 大戟科 Euphorbiaceae　乌桕属 *Triadica* Lour.

山乌桕

Triadica cochinchinensis Lour.

描述：落叶乔木。叶互生，叶椭圆形，长 5~10 cm，宽 3~5 cm；叶柄顶端 2 腺体。雌雄同株，总状花序，雌花生于花序轴下部。蒴果。

生境：生于山谷或山坡混交林中。

分布：分布于我国南方各省区。

A207 大戟科 Euphorbiaceae　乌桕属 *Triadica* Lour.

乌桕

Triadica sebifera (L.) Small

描述：乔木。各部无毛且具乳状汁液。叶互生，菱形，长 3~8 cm，宽 3~9 cm；叶柄顶端 2 腺体。雌雄同株；总状花序顶生。蒴果球形。

生境：生于山坡疏林或灌木丛中及丘陵旷野、村边、路旁。

分布：分布于我国黄河以南各省区。

A211 叶下珠科 Phyllanthaceae　重阳木属 *Bischofia* Blume

秋枫

Bischofia javanica Blume

描述：灌木或小乔木，高达 40 m。三出复叶互生，叶形多种，基部楔形或阔楔形；叶柄顶端具 2 枚小腺体。圆锥花序。蒴果椭圆形。

生境：生于平原或山谷湿润常绿林中。

分布：分布于我国黄河以南各省区。

A211 叶下珠科 Phyllanthaceae　黑面神属 *Breynia* J. R. Forst. & G. Forst.

黑面神

Breynia fruticosa (L.) Hook. f.

描述： 灌木，高 1~3 m。叶阔卵形或菱状卵形，长 3~7 cm。花单生或 2~4 朵簇生叶腋；雌花花萼花后增大。蒴果圆球状，顶端无喙。

生境： 生于平原区缓坡至海拔 450 m 以下地区和山地疏林或灌丛中。

分布： 分布于我国长江以南各省区。

A211 叶下珠科 Phyllanthaceae　土蜜树属 *Bridelia* Willd.

土蜜树

Bridelia tomentosa Blume

描述： 灌木或小乔木。幼枝、叶背、叶柄和托叶被毛。叶长圆形，长 3~9 cm，侧脉 8~10 对。雌花瓣无毛。核果 2 室，直径 5 mm。

生境： 生于海拔 100~1500 m 山地疏林中或平原灌木林中。

分布： 分布于我国华南、华东、西南地区。

A211 叶下珠科 Phyllanthaceae　算盘子属 *Glochidion* J. R. Forst. & G. Forst.

毛果算盘子

Glochidion eriocarpum Champ. ex Benth.

描述： 灌木，全株几被长柔毛。单叶互生，2 列，狭卵形或宽卵形，基部钝。花单生或 2~4 朵簇生于叶腋内。蒴果扁球状，4~5 室。

生境： 生于海拔 30~600 m 山地疏林或灌木林中。

分布： 分布于我国长江以南各省区。

A211 叶下珠科 Phyllanthaceae　算盘子属 *Glochidion* J. R. Forst. & G. Forst.

厚叶算盘子

Glochidion hirsutum (Roxb.) Voigt

描述： 灌木或小乔木。叶厚革质，卵形或长圆形，长 7~15 cm，宽 4~7 cm，基部偏斜。聚伞花序通常腋上生。果扁球状，顶端凹陷。

生境： 生于海拔 120~1800 m 山地林下或河边、沼地灌木丛中。

分布： 分布于我国华南、华东、西南地区。

A211 叶下珠科 Phyllanthaceae　算盘子属 *Glochidion* J. R. Forst. & G. Forst.

香港算盘子

Glochidion zeylanicum (Gaertn.) A. Juss.

描述：灌木或小乔木，全株无毛。叶革质，长圆形，基部心形。花簇生呈花束，或组成聚伞花序。蒴果扁球形，边缘具 8~12 条纵沟。

生境：生于低海拔山谷、平地潮湿处或溪边湿土上灌木丛中。

分布：分布于我国华南、华东、西南地区。

A214 使君子科 Combretaceae　榄仁属 *Terminalia* L.

小叶榄仁

Terminalia mantaly H. Perrier

描述：常绿乔木。主干通直，侧枝轮生，自然分层向四周开展，树冠呈伞形。叶倒卵状披针形，4 ~ 7 枚轮生，全缘。花小，穗状花序。

生境：我国华南各地有栽培。

分布：原产于非洲。

紫薇

Lagerstroemia indica L.

描述：落叶灌木或小乔木。小枝具 4 棱，略成翅状。叶椭圆形。圆锥花序顶生；花瓣 6，皱缩；雄蕊 36~42 枚。蒴果室背开裂。

生境：我国南方地区常见栽培。

分布：我国各地广泛栽培。

A215 千屈菜科 Lythraceae　紫薇属 *Lagerstroemia* Linn.

大花紫薇

Lagerstroemia speciosa (L.) Pers.

描述：大乔木。叶矩圆状椭圆形。圆锥花序顶生；花萼有棱 12 条；花大，直径 4~5 cm，淡紫色或紫红色。蒴果球形，室背开裂。

生境：庭园栽培供观赏。

分布：我国华南、华东、西南等地区有栽培。

A218 桃金娘科 Myrtaceae　岗松属 *Baeckea* L.

岗松

Baeckea frutescens L.

描述：灌木或小乔木。叶对生，线形，长不及 10 mm，宽约 1 mm，下面突起，有透明油腺点。花单生叶腋；花瓣分离，白色。蒴果小。

生境：生于旷野、荒山、山坡、山岗上。

分布：分布于我国华南地区、福建和江西。

A218 桃金娘科 Myrtaceae　桉属 ***Eucalyptus*** **L' é r.**

桉

Eucalyptus robusta Sm.

描述：大乔木。树皮宿存，不规则斜裂。幼态叶卵形；成熟叶卵状披针形，具腺点。伞形花序。蒴果卵状壶形，长 1~1.5 cm。

生境：主要为栽培、种植。

分布：原产于澳大利亚。

A218 桃金娘科 Myrtaceae　桃金娘属 *Rhodomyrtus* (DC.) Rchb.

桃金娘

Rhodomyrtus tomentosa (Aiton) Hassk.

描述：常绿灌木。叶对生，椭圆形或倒卵形，叶背被灰色茸毛，离基 3 出脉，具边脉。花单生；花瓣 5，倒卵形，紫红色。浆果壶形。

生境：多生于丘陵坡地。

分布：分布于我国南亚热带以南地区。

A218 桃金娘科 Myrtaceae　蒲桃属 *Syzygium* Gaertn

华南蒲桃

Syzygium austrosinense (Merr. & L. M. Perry) H. T. Chang & R. H. Miao

描述：灌木至小乔木。枝4棱。叶对生，椭圆形，长 4~7 cm，宽 2~3 cm，脉距 1~1.5 mm。聚伞花序顶生。果球形，直径6~7 mm。

生境：生于中海拔常绿林里。

分布：分布于长江以南各省区。

A218 桃金娘科 Myrtaceae　蒲桃属 *Syzygium* Gaertn

蒲桃

Syzygium jambos (L.) Alston

描述：乔木，高 10 m。叶片披针形或长圆形，长12~25 cm，宽 3~4.5 cm，叶面多透明细小腺点。聚伞花序顶生；花白色，直径 3~4 cm。果成熟时黄色，有油腺点。

生境：喜生于河边及河谷湿地。华南常见野生，也有栽培供食用。

分布：分布于我国华东、华南、西南地区。

A218 桃金娘科 Myrtaceae　蒲桃属 *Syzygium* Gaertn

白千层

Melaleuca cajuputi Powell subsp. cumingiana (Turz.) Barlow

描述：乔木。树皮灰白色，厚而松软，呈薄层状剥落。叶互生，叶革质，香气浓郁。花白色，密集于枝顶成穗状花序。蒴果近球形。

生境：我国南方地区常见栽培。

分布：原产于澳大利亚。

A219 野牡丹科 Melastomataceae　野牡丹属 *Melastoma* L.

乌墨

Syzygium cumini (L.) Skeels

描述：乔木。叶革质，阔椭圆形至狭椭圆形，基部阔楔形，两面多细小腺点，侧脉多而密。圆锥花序，花白色，花瓣 4。果实卵圆形或壶形。

生境：常见于平地次生林及荒地上。

分布：分布于我国华南、华东、西南地区。

A218 桃金娘科 Myrtaceae　白千层属 *Melaleuca* L.

地菍

Melastoma dodecandrum Lour.

描述：匍匐草本。叶卵形或椭圆形，3~5 基出脉，常仅边缘被糙伏毛。聚伞花序顶生；花瓣菱状倒卵形，被疏缘毛。果坛状球形。

生境：常生于酸性土壤上。

分布：分布于我国华南、华中、华东、西南地区。

A218 桃金娘科 Myrtaceae　白千层属 *Melaleuca* L.

野牡丹

Melastoma candidum D. Don

描述：灌木。茎密被紧贴的鳞片状糙伏毛。叶片坚纸质，卵形或广卵形。伞房花序生于分枝顶端；花瓣玫瑰红色或粉红色。蒴果坛状球形。

生境：常生于旷野酸性土壤上。

分布：分布于我国南方各省区。

A218 桃金娘科 Myrtaceae　蒲桃属 *Syzygium* Gaertn

展毛野牡丹

Melastoma normale D.Don

描述：灌木。茎密被平展的长粗毛及短柔毛。叶片坚纸质，全缘，5 基出脉，叶两面被毛。花瓣紫红色。蒴果坛状球形，顶端平截。花期春至夏初，果期秋季。

生境：生于山坡、山谷林下或疏林下。

分布：分布于我国华南、西南地区。

A219 野牡丹科 Melastomataceae　野牡丹属 *Melastoma* L.

毛菍

Melastoma sanguineum Sims

描述：大灌木。茎、小枝、叶柄、花梗及花萼均被平展的长粗毛。叶卵状披针形至披针形。伞房花序顶生。果杯状球形，宿存萼密被红色长硬毛。

生境：生于丘陵、山坡、荒野间。

分布：分布于我国华南地区。

A219 野牡丹科 Melastomataceae　蒂牡花属 *Tibouchina* Aubl.

巴西野牡丹

Tibouchina semidecandra Cogn.

描述：常绿小灌木。枝条红褐色。叶对生，长椭圆形至披针形，两面具细茸毛，全缘，3~5出脉。花顶生，大型，深紫蓝色。蒴果杯状球形。

生境：主要为栽培、种植。

分布：原产于巴西。

人面子

Dracontomelon duperreanum Pierre

描述： 常绿乔木。奇数羽状复叶；11~17 小叶，互生，自下而上逐渐增大。圆锥花序；花瓣披针形，白色；子房 5 室。核果扁球形。

生境： 生于海拔 93~350 m 的林中，广东、广西有引种栽培。

分布： 分布于我国云南、广西、广东。

A239 漆树科 Anacardiaceae　芒果属 *Mangifera* L.

杧果

Mangifera indica L.

描述：乔木。单叶互生，长圆形，宽大于 3.5 cm。圆锥花序长 20~35 cm；花瓣长圆状披针形，开花时外卷。果长卵形，径圆。

生境：喜温暖、阳光充足的环境。

分布：我国各地广泛栽培。

A239 漆树科 Anacardiaceae　漆树属 *Rhus* L.

盐麸木

Rhus chinensis Mill

描述：落叶小乔木或灌木。7~13 小叶，背面密被灰褐色绵毛；叶轴有翅。圆锥花序；花杂性，有花瓣；子房 1 室。核果小，有咸味。

生境：生于山坡、林缘疏林中或荒坡、旷地的灌木丛中。

分布：分布于我国除东北、新疆、内蒙古之外的全国各省区。

A239 漆树科 Anacardiaceae　漆属 *Toxicodendron* (Tourn.) Mill.

野漆

Toxicodendron succedaneum (L.) Kuntze

描述：落叶乔木或小乔木，高达 10 m。奇数羽状复叶互生；小叶 3~6 对，长圆状椭圆形或卵状披针形，长 4~10 cm。圆锥花序腋生。核果偏斜。

生境：生于海拔 1000 m 以下的山坡、沟旁灌木丛中。

分布：分布于我国华北至长江以南各省区。

A239 漆树科 Anacardiaceae　漆属 *Toxicodendron* (Tourn.) Mill.

木蜡树

Toxicodendron sylvestre (Siebold & Zucc.) Kuntze

描述：落叶乔木，高达 10 m。奇数羽状复叶互生；小叶 3~6 对，稀 7 对，卵形或长圆形，长 4~10 cm，宽 2~4 cm。圆锥花序。核果极偏斜。

生境：生于海拔 1000 m 以下的山坡、沟旁灌木丛中。

分布：分布于我国长江以南各省区。

A241 芸香科 Rutaceae　山油柑属 *Acronychia* J. R. Forst. & G. Forst.

山油柑

Acronychia pedunculata (L.) Miq.

描述：乔木，高 5~15 m。单小叶，椭圆形至长圆形；叶柄长 1~2 cm，基部略增大呈叶枕状。花瓣狭长椭圆形。核果有小核 4 个。

生境：生于海拔约 600 m 以下的山坡或平地杂木林中。

分布：分布于我国华南、华东、西南地区。

A241 芸香科 Rutaceae　四数花属 *Tetradium* Lour.

楝叶吴萸

Tetradium glabrifolium (Champ. ex Benth.) T. G. Hartley

描述：乔木，高达 20 m。羽状复叶；5~11 小叶，卵形至披针形，长 6~10 cm，宽 2.5~4 cm，两面无毛，不对称。二歧聚伞花序；花 5 数。蓇葖果。

生境：生于溪涧两岸树林中或村边、路旁的湿润处。

分布：分布于我国华东、华南及西南地区。

A241 芸香科 Rutaceae　花椒属 *Zanthoxylum* L.

簕欓花椒

Zanthoxylum avicennae (Lam.) DC.

描述：落叶乔木。奇数羽状复叶；13~18(25) 小叶，斜方形、倒卵形，长 4~7 cm，宽 1.5~2.5 cm，不对称。花序顶生；花被片 2 轮。果淡紫红色。

生境：生于山坡、丘陵、平地或路旁的疏林或灌丛中。

分布：分布于我国南方各省区。

A241 芸香科 Rutaceae　花椒属 *Zanthoxylum* L.

花椒簕

Zanthoxylum scandens Blume

描述：攀援灌木。羽状 7~23 小叶，卵形，长 3~8 cm，宽 1.5~3 cm，两侧不对称。伞形花序腋生或顶生；花瓣 4。分果瓣紫红色。

生境：山坡灌丛、疏林中或村边、路旁。

分布：分布于我国长江以南各省区。

A243 楝科 Meliaceae　米仔兰属 *Aglaia* Lour.

米仔兰

Aglaia odorata Lour.

描述： 灌木或小乔木。羽状 3~5 小叶，倒卵形或长圆形，长大于 4 cm，宽 1~2 cm，叶轴有狭翅。圆锥花序腋生；花瓣 5，黄色。浆果卵形。

生境： 生于低海拔山地的疏林或灌木林中。

分布： 我国南方各省区有栽培。

A243 楝科 Meliaceae　楝属 *Melia* L.

楝

Melia azedarach L.

描述： 乔木，高 10 m 以上。二至三回奇数羽状复叶；小叶对生，卵形或椭圆形，长 3~7 cm，有齿缺。子房 4~5 室。果直径不到 2 cm。

生境： 生于低海拔旷野、路旁或疏林中。

分布： 分布于我国黄河以南各省区。

A247 锦葵科 Malvaceae　黄葵属 *Abelmoschus* Medicus

黄葵

Abelmoschus moschatus Medik.

描述：草本，高 1~2 m。叶掌状 3~5 深裂，边缘具锯齿，两面被硬毛。花单生叶腋；小苞片 7~10 枚；花黄色。果椭圆形，长 5~6 cm。

生境：生于平原、园地、林缘、旷地、路旁等灌丛中。

分布：分布于我国南方地区。

A247 锦葵科 Malvaceae　木棉属 *Bombax* L.

木棉

Bombax ceiba L.

描述：落叶大乔木，高可达 25 m。幼树有粗皮刺。掌状 5~7 小叶。花梗短；花肉质；萼革质，厚，杯状。蒴果长圆形，密被毛，开裂。

生境：生于海拔干热河谷及稀树草原以及沟谷季雨林内，也有栽培作行道树。

分布：分布于我国华南、华东、华中、西南等亚热带地区。

A247 锦葵科 Malvaceae　刺果藤属 ***Byttneria*** **Loefl.**

刺果藤

Byttneria grandifolia DC.

描述： 木质大藤本。叶广卵形、心形或近圆形，长 7~23 cm，叶背被星状柔毛。花小。蒴果圆球形或卵状圆球形，具刺。种子长圆形。

生境： 生于疏林中或山谷溪旁。

分布： 分布于我国华南、西南地区。

A247 锦葵科 Malvaceae　山芝麻属 ***Helicteres*** **L.**

山芝麻

Helicteres angustifolia L.

描述： 灌木。叶狭矩圆形或条状披针形，长 3.5~5 cm，宽 1.5~2.5 cm。聚伞花序有 2 至数朵花。蒴果卵状矩圆形，通直，密被星状茸毛。

生境： 生于干热的山地、丘陵灌丛或旷野、山坡草地上。

分布： 分布于我国亚热带南部及以南地区。

A247 锦葵科 Malvaceae　木槿属 ***Hibiscus*** L.

木芙蓉

Hibiscus mutabilis L.

描述： 灌木或小乔木。小枝、叶柄、花梗和花萼均密被星状毛。叶掌状 3~5 浅裂，两面被毛。花单生叶腋；小苞片 7~10 枚。蒴果扁球形。

生境： 主要为栽培种，喜温暖、湿润环境。

分布： 我国南北方有栽植。

A247 锦葵科 Malvaceae　木槿属 ***Hibiscus*** L.

朱槿

Hibiscus rosa-sinensis L.

描述： 灌木，高 1~3 m。叶和花梗无毛。叶卵形，叶缘上部有粗锯齿。萼钟状，裂片 5，有时二唇形；花瓣不分裂。蒴果卵形，具喙。

生境： 主要为栽培种，供园林观赏。

分布： 我国南方有栽培。

A247 锦葵科 Malvaceae　木槿属 *Hibiscus* L.

锦叶扶桑

Hibiscus rosa-sinensis var. cooperi

描述：落叶或常绿灌木。小枝赤红色。叶长卵形，叶片有白、红、淡红、黄、淡绿色等不规则斑纹。花小，朱红色。蒴果卵圆形。花期长。

生境：主要为栽培、种植。

分布：我国南方有栽培。

A247 锦葵科 Malvaceae　赛葵属 *Malvastrum* A. Gray

赛葵

Malvastrum coromandelianum (L.) G ü rcke

描述：亚灌木状，全株疏被毛。叶卵状披针形，边缘具粗锯齿；花单生叶腋；小苞片 3 枚；花瓣 5。果直径约 6 mm，分果爿 8~12。

生境：我国南方各省逸为野生。

分布：原产于美洲。

A247 锦葵科 **Malvaceae**　马松子属 ***Melochia* L.**

马松子

Melochia corchorifolia L.

描述：半灌木状草本，高不及 1 m。叶卵形或披针形，边缘有锯齿，基生脉 5 条。花瓣 5，白色后变为淡红色；子房无柄；花柱 5 枚。蒴果 5 室。

生境：生于田野间或低丘陵地。

分布：分布于我国长江以南各省区。

A247 锦葵科 **Malvaceae**　破布叶属 ***Microcos* L.**

破布叶

Microcos paniculata L.

描述：灌木或小乔木。叶纸质，卵形或卵状长圆形，长 8~18 cm，边缘有小锯齿。圆锥花序顶生或生上部叶腋。核果近球形或倒卵形。

生境：生于山谷、丘陵、平地、村边或路旁的灌木丛中。

分布：分布于我国华南、西南地区。

A247 锦葵科 Malvaceae　翅子树属 *Pterospermum* Schreb.

翻白叶树

Pterospermum heterophyllum Hance

描述：乔木。叶二形，叶下面被柔毛，幼树或萌蘖枝上的叶盾形，掌状 3~5 裂；成长树的叶圆形。萼片 5，条形，花瓣 5，青白色。蒴果矩圆状卵形。花期秋季。

生境：生于丘陵林中。

分布：分布于我国华南地区及福建。

A247 锦葵科 Malvaceae　黄花稔属 *Sida* L.

黄花棯

Sida acuta Burm. f.

描述：直立亚灌木状草本，分枝多。叶披针形，具锯齿；托叶线形，宿存。花萼浅杯状；花黄色。蒴果近圆球形，分果爿，果皮具网状皱纹。

生境：生于山坡灌丛间、路旁或荒坡上。

分布：分布于我国华南、华东、西南地区。

A247 锦葵科 Malvaceae　苹婆属 *Sterculia* L.

苹婆

Sterculia monosperma Vent.

描述：乔木，树皮褐黑色。叶薄革质，矩圆形。圆锥花序；萼钟状，5 裂，裂片条状披针形。蓇葖果鲜红色，厚革质，矩圆状卵形。种子椭圆形。花期 4~5 月。

生境：生于排水良好的肥沃土壤中，且耐荫蔽。

分布：分布于我国华南、华东、西南地区。

A247 锦葵科 Malvaceae　苹婆属 *Sterculia* L.

假苹婆

Sterculialanceolata Cav.

描述：乔木。叶椭圆形或披针形，长 9~20 cm，宽 3.5~8 cm。花萼分离；花淡红色。蓇葖果直径 1 cm，红色。种子椭圆状卵形，黑褐色。

生境：生于低矮山区的次生林或村边、路旁的风水林中。

分布：分布于我国华南、西南地区。

A247 锦葵科 Malvaceae　刺蒴麻属 *Triumfetta* L.

刺蒴麻

Triumfetta rhomboidea Jacq.

描述：亚灌木。叶纸质，3~5 裂，叶面被疏柔毛，背面被星状毛。聚伞花序数个腋生；花瓣比萼片略短。果球形，果刺长 2~3 mm。

生境：生于旷野、村边、路旁的灌丛中或草地上。

分布：分布于我国华东、华南、西南地区。

A247 锦葵科 Malvaceae　梵天花属 *Urena* L.

地桃花

Urena lobata L.

描述：草本，高达 1 m。茎下部的叶近圆形，中部叶卵形，上部叶长圆形至披针形，3~5 浅裂。花淡红；副萼裂片长三角形，果时直立。果扁球形。

生境：生于村庄或路旁旷地或草坡。

分布：分布于我国长江以南地区。

A247 锦葵科 Malvaceae　梵天花属 *Urena* L.

粗叶地桃花

Urena lobata L. var. glauca (Blume) Borss. Waalk.

描述： 草本。叶密被粗短茸毛和绵毛，先端通常 3 浅裂，具明显锯齿。小苞片线形，密被绵毛；花瓣长 10~13 mm，淡红色。果扁球形。

生境： 生于草坡、山边灌丛和路旁。

分布： 分布于我国华南、西南地区及福建。

A249 瑞香科 Thymelaeaceae　荛花属 *Wikstroemia* Endl.

了哥王

Wikstroemia indica (L.) C. A. Mey.

描述: 灌木，高 0.5~2 m。小枝红褐色。叶对生，倒卵形、长圆形至披针形，长 2~5 cm。总花梗粗壮直立；花盘鳞片 4 枚；子房倒卵形。核果椭圆形。

生境： 生于山坡丘陵、旷野、路旁的灌丛中。

分布： 分布于我国南方各省区。

A270 十字花科 Brassicaceae　蔊菜属 *Rorippa* Scop.

广州蔊菜

Rorippa cantoniensis (Lour.) Ohwi

描述：草本。基生叶具柄，基部扩大贴茎，叶片羽状裂，边缘具缺刻状齿；茎生叶渐缩小，无柄，基部呈短耳状，抱茎，向上渐小。花瓣 4，黄色。

生境：生于田边路旁、山沟、河边或潮湿地。

分布：分布于我国除西北地区外的大部分地区。

A279 桑寄生科 Loranthaceae　梨果寄生属 *Scurrula* L.

红花寄生

Scurrula parasitica L.

描述：灌木。小枝灰褐色，具皮孔。叶对生或近对生，厚纸质，卵形至长卵形，基部阔楔形。总状花序，花红色。果梨形。花、果期 10 月至翌年 1 月。

生境：寄生于各种常绿阔叶林树上。

分布：分布于我国华东、华南、华中、西南地区。

A279 桑寄生科 Loranthaceae　钝果寄生属 *Taxillus* Van Tiegh.

广寄生

Taxillus chinensis (DC.) Danser

描述： 灌木。叶对生或近对生，卵形，长 3~6 cm，宽 2.5~4 cm，幼时被锈色星状毛，后无毛。伞形花序具花 1~4 朵，通常 2。果皮密生小瘤体。

生境： 生于平原或低山常绿阔叶林中，寄生于多种植物上。

分布： 分布于我国华南地区及以福建。

A283 蓼科 Polygonaceae　何首乌属 *Pleuropterus* Turcz.

何首乌

Pleuropterus multiflorus (Thunb.) Nakai

描述： 多年生缠绕藤本。块根肥厚，茎木质化，无卷须。叶卵形或长卵形，长 3~7 cm，基部心形。圆锥状花序；花被 5 深裂。瘦果卵形，具 3 棱。

生境： 生于旷野、田边或水旁。

分布： 分布于我国黄河以南地区。

A283 蓼科 Polygonaceae　蓼属 ***Persicaria*** **(L.) Mill.**

火炭母

Persicaria chinensis (L.) H.Gross

描述：多年生草本。叶卵形或长卵形，全缘。头状花序再排成圆锥状，顶生或腋生。瘦果包藏于含汁液、白色透明或微带蓝色的宿存花被内。

生境：生于山谷水边湿地。

分布：分布于我国陕西南部、华东、华中、华南和西南地区。

A283 蓼科 Polygonaceae　蓼属 ***Persicaria*** **(L.) Mill.**

杠板归

Persicaria perfoliata (L.) H. Gross

描述：一年生草本，有刺植物。茎具棱。叶三角形，长 3~7 cm，宽 2~5 cm；托叶叶状。短总状花序；每苞片内具花 2~4 朵；花被 5 裂。瘦果球形。

生境：生于山谷灌丛、荒芜草地、村边篱笆或水沟旁边。

分布：我国大部地区均有分布。

A283 蓼科 Polygonaceae　蓼属 *Persicaria* (L.) Mill.

愉悦蓼

Persicaria jucunda (Meisn.) Migo

描述：一年生草本。叶椭圆状披针形，边缘具短缘毛；托叶鞘膜质，筒状。总状花序呈穗状，花排列紧密；花被5深裂。瘦果卵形，具3棱。花期8~9月，果期9~11月。

生境：生于山地、山谷、水旁潮湿处。

分布：分布于我国华南、华东、华中、西南地区。

A284 茅膏菜科 Droseraceae　茅膏菜属 *Drosera* L.

匙叶茅膏菜

Drosera spatulata Labill.

描述：草本。叶基生，莲座状排列，叶匙形，边缘密被长腺毛。聚伞花序花葶状，花萼钟状，5裂；花瓣5，紫红色。蒴果3~4瓣裂。花、果期3~9月。

生境：生于山坡和岩石间的灌丛或草丛中。

分布：分布于我国华南、华东地区。

A297 苋科 Amaranthaceae　牛膝属 *Achyranthes* L.

土牛膝

Achyranthes aspera L.

描述： 多年生草本，高20~120 cm。叶卵形，顶端急尖，常被毛。穗状花序顶生，直立；小苞片上部膜质翅具缺。胞果卵形，长2.5~3 mm。

生境： 生于山坡疏林、村边路旁、园地及空旷草地上。

分布： 分布于我国华南、华东及西南地区。

A297 苋科 Amaranthaceae　苋属 *Amaranthus* L.

刺苋

Amaranthus spinosus L.

描述： 一年生草本，植株具刺。叶互生，菱状卵形或卵状披针形，顶端圆钝，全缘，无毛。圆锥花序腋生及顶生；花被具凸尖。胞果矩圆形。

生境： 生于村边、路旁、田间、园地等荒地上。

分布： 分布于我国黄河以南地区。

A297 苋科 Amaranthaceae　青葙属 *Celosia* L.

青葙

Celosia argentea L.

描述： 一年生草本，全体无毛。叶互生，矩圆披针形、披针形或披针状条形。花在茎端或枝端成单一、无分枝的塔状或圆柱状穗状花序。胞果卵形。

生境： 生于旷野、田边、村旁。

分布： 我国各地均有分布。

A297 苋科 Amaranthaceae　青葙属 *Celosia* L.

鸡冠花

Celosia cristata L.

描述： 叶宽 2~6 cm；花多数，极密生，成扁平肉质鸡冠状、卷冠状或羽毛状的穗状花序，圆锥状矩圆形，表面羽毛状；花被片颜色变化多。花、果期 7~9 月。

生境： 喜疏松肥沃和排水良好的土壤。

分布： 我国各地均有栽培。

A297 苋科 Amaranthaceae　刺藜属 *Dysphania* R. Br.

土荆芥

Dysphania ambrosioides (L.) Mosyakin & Clemants

描述： 草本，高 50~80 cm，有强烈香味。叶片矩圆状披针形至披针形，下面散生油点。花通常 3~5 个团集。胞果扁球形，完全包于花被内。

生境： 生于村旁、路边、河岸等处。

分布： 原产于热带美洲。

A297 苋科 Amaranthaceae　地肤属 *Kochia* Roth

地肤

Kochia scoparia (L.) Schrad.

描述： 一年生草本。茎直立，圆柱状。叶为平面叶，披针形，边缘有缘毛；茎上部叶较小，无柄。花两性或雌性。胞果扁球形。花期 6~9 月，果期 7~10 月。

生境： 生于田边、路旁、荒地等处。

分布： 我国各地均有分布。

A308 紫茉莉科 Nyctaginaceae　宝巾属 *Bougainvillea* Comm. ex Juss.

光叶子花

Bougainvillea glabra Choisy

描述：藤状灌木。枝下垂，无毛。叶片卵形或卵状披针形，长 5~13 cm，宽 3~6 cm；叶柄长 1 cm。花生于 3 个苞片内；苞片玫瑰红色。

生境：我国南、北方有栽植。

分布：原产于巴西。

A308 紫茉莉科 Nyctaginaceae　宝巾属 *Bougainvillea* Comm. ex Juss.

叶子花

Bougainvillea spectabilis Willd.

描述：藤状灌木。枝、叶密生柔毛。刺腋生、下弯。叶片椭圆形或卵形。苞片椭圆状卵形，暗红色或淡紫红色。果实密生毛。

生境：我国南方栽培。

分布：原产于热带美洲。

A324 山茱萸科 Cornaceae　八角枫属 *Alangium* Lam.

八角枫

Alangium chinense (Lour.) Harms

描述：乔木或灌木。叶近圆形、椭圆形或卵形，长 13~19 cm，宽 3~7 cm，不裂或 3~9 裂。聚伞花序腋生；花长 1~1.5 cm；雄蕊 6~8 枚。核果卵圆形。

生境：生于较阴湿的山谷、山坡的杂木林中。

分布：分布于我国黄河流域以南各省区。

A324 山茱萸科 Cornaceae　八角枫属 *Alangium* Lam.

毛八角枫

Alangium kurzii Craib.

描述：乔木或灌木。叶互生，长 12~14 cm，宽 7~9 cm，背面被丝质茸毛。聚伞花序有 5~7 花；花长 2~2.5 cm；雄蕊 6~8 枚；药隔有毛。核果。

生境：常见于低海拔的疏林中或路旁。

分布：分布于我国长江以南省区。

A332 五列木科 Pentaphylacaceae　柃木属 *Eurya* Thunb.

米碎花

Eurya chinensis R. Br.

描述：常绿灌木。嫩枝有棱，被毛。叶倒卵形，长 3~4.5 cm，宽 1~1.8 cm，基部楔形，边缘有锯齿。花 1~4 朵簇生于叶腋；花瓣白色。浆果。

生境：生于海拔 30~800 m 的荒山、草坡、村旁、河边灌木丛中。

分布：分布于我国华南地区。

A332 五列木科 Pentaphylacaceae　柃木属 *Eurya* Thunb.

华南毛柃

Eurya ciliata Merr.

描述： 灌木或小乔木，高3~10 m。叶长圆状披针形，长5~12 cm，宽1.5~3 cm，基部两侧稍偏斜。花1~3朵簇生于叶腋；子房被毛；花柱4~5裂。果被柔毛。

生境： 生于海拔100~1300 m的山坡林下或沟谷溪旁密林中。

分布： 分布于我国华南、西南地区。

A332 五列木科 Pentaphylacaceae　柃木属 *Eurya* Thunb.

二列叶柃

Eurya distichophylla Hemsl.

描述： 灌木或小乔木，高1.5~7 m。叶披针形，长3~6 cm，宽8~15 mm，基部圆形。花1~3朵簇生于叶腋；子房被毛；花柱3裂。果被柔毛。

生境： 生于海拔200~1000 m的山谷疏林、密林和灌丛中。

分布： 分布于我国华南地区。

A332 五列木科 Pentaphylacaceae　柃木属 *Eurya* Thunb.

岗柃

Eurya groffii Merr.

描述：常绿灌木或小乔木。叶披针形或披针状长圆形，长 5~10 cm，宽 1.2~2.2 cm，背面被长毛，边缘有细齿。花 1~9 朵簇生叶腋，白色。浆果圆球形。

生境：常见于阳光充足的丘陵及山地灌丛中。

分布：分布于我国南方地区。

A335 报春花科 Primulaceae　酸藤子属 *Embelia* Burm. f.

酸藤子

Embelia laeta (L.) Mez

描述：常绿攀援灌木或藤本。叶坚纸质，倒卵状椭圆形，长 5~8 cm，宽 2.5~3.5 cm，边全缘，无腺点。总状花序。果球形。

生境：多生于丘陵、山坡灌丛及山地疏林中向阳之处。

分布：分布于我国华东、华南、西南地区。

A335 报春花科 Primulaceae　酸藤子属 *Embelia* Burm. f.

白花酸藤果

Embelia ribes Burm. f.

描述： 攀援灌木或藤本。枝无毛。叶坚纸质，倒卵状椭圆形，长 5~8 cm，宽 2.5~3.5 cm，边全缘。圆锥花序顶生。果球形或卵形，红或深紫色。

生境： 常见于海拔 1000 m 以下的疏林内及灌木丛中。

分布： 分布于我国华南、西南地区。

A335 报春花科 Primulaceae　杜茎山属 *Maesa* Forsk.

杜茎山

Maesa japonica (Thunb.) Moritzi ex Zoll.

描述： 灌木。叶片革质，叶形多变，几全缘或中部以上具疏齿，两面无毛。总状花序或圆锥花序腋生；有 1 对小苞片，具腺点。果球形。

生境： 生于灌木丛中或荒坡地上。

分布： 分布于我国西南至台湾以南各省区。

A336 山茶科 Theaceae　木荷属 *Schima* Reinw.

木荷

Schima superba Gardner & Champ.

描述：常绿大乔木。叶革质，椭圆形，长 7~12 cm，宽 4~6.5 cm，边缘有钝锯齿，背无毛。花生于枝顶叶腋；萼片半圆形。蒴果球形。

生境：生于山地次生林中。

分布：分布于我国华东、华南地区。

A336 山茶科 Theaceae　山茶属 *Camellia* L.

山茶

Camellia japonica L.

描述：灌木至小乔木。叶椭圆形，长 6~9 cm，基部楔形，柄长 8~15 mm。花红色、白色、浅红色等，直径 5~7 cm；花丝合生。果直径 2.5~3.5 cm。

生境：我国各地广泛栽培。

分布：分布于我国华南地区。

A337 山矾科 Symplocaceae　山矾属 *Symplocos* Jacq.

越南山矾

Symplocos cochinchinensis (Lour.) S. Moore

描述： 乔木。幼枝、叶柄、叶背中脉被红褐茸毛。叶椭圆形，长 9~20 cm，宽 3~6 cm，边全缘或具腺尖齿，叶背被柔毛。穗状花序。果球形。

生境： 生于海拔 1000 m 以下的溪边、路旁及阔叶林中。

分布： 分布于我国华南、西南、华东地区。

A345 杜鹃花科 Ericaceae　杜鹃花属 *Rhododendron* L.

锦绣杜鹃

Rhododendron pulchrum Sweet

描述： 半常绿灌木。叶薄革质，长 2~7 cm，宽 1~2.5 cm。花芽卵球形；伞形花序；花冠玫瑰紫色，具深红色斑点。蒴果长圆状卵球形。

生境： 成片栽植，也在岩石旁、池畔、草坪边缘丛栽。

分布： 我国南北各地均有栽培。

A352 茜草科 Rubiaceae　狗骨柴属 *Diplospora* DC.

狗骨柴

Diplospora dubia (Lindl.) Masam

描述： 灌木或乔木。叶交互对生，革质，卵状长圆形、长圆形、椭圆形或披针形，两面无毛，叶背网脉不明显。花腋生。浆果近球形。

生境： 生于山坡、山谷沟边丘陵、旷野的林中或灌丛中。

分布： 分布于我国长江以南省区。

A352 茜草科 Rubiaceae　栀子属 *Gardenia* J. Ellis

栀子

Gardenia jasminoides J. Ellis

描述： 常绿灌木。叶对生，革质，叶形多样，通常为长圆状披针形，长 3~25 cm，宽 1.5~8 cm。花单朵生于枝顶，单瓣。浆果常卵形。

生境： 生于山野间或水沟边，也有庭园栽培。

分布： 分布于我国黄河以南省区。

A352 茜草科 Rubiaceae　长隔木属 *Hamelia* Jacq.

长隔木

Hamelia patens Jacq.

描述：红色灌木。叶通常 3 枚轮生，椭圆状卵形至长圆形，长 7~20 cm。聚伞花序；花冠橙红色，冠管狭圆筒状。浆果卵圆状，暗红色或紫色。

生境：我国南部和西南部有栽培。

分布：原产于拉丁美洲。

A352 茜草科 Rubiaceae　耳草属 *Hedyotis* L.

剑叶耳草

Hedyotis caudatifolia Merr. & F. P. Metcalf

描述：直立灌木，全株无毛。叶对生，革质，披针形，顶部尾状渐尖，基部楔形或下延；托叶阔卵形。花 4 数；花冠白色或粉红色。蒴果。花期 5~6 月。

生境：生于丛林下较干旱的草地上。

分布：分布于我国华南和华东地区。

A352 茜草科 Rubiaceae　耳草属 *Hedyotis* L.

伞房花耳草

Hedyotis corymbosa L.

描述：披散草本。叶对生，膜质，狭披针形，长 1~2 cm，宽 1~3 mm，两面略粗糙。伞房花序；有明显总花梗；花冠白或粉红。蒴果膜质。

生境：生于水田、田埂或湿润的草地上。

分布：分布于我国华南、华东及西南各省区。

A352 茜草科 Rubiaceae　耳草属 *Hedyotis* L.

白花蛇舌草

Scleromitrion diffusum (Willd.) R. J. Wang

描述：一年生披散草本。植株纤细，无毛。叶对生，膜质，线形，长 1~3 cm，宽 1~3 mm。花常单生，稀有双生，无总花梗。蒴果膜质，扁球形。

生境：生于田埂和潮湿的旷地上。

分布：分布于我国华南地区以及安徽、云南等省区。

A352 茜草科 Rubiaceae　耳草属 *Hedyotis* L.

牛白藤

Hedyotis hedyotidea (DC.) Merr.

描述：草质藤本。老茎无毛，小枝老时圆形。叶对生，膜质，长卵形或卵形，基部楔形或钝。伞形花序较小。蒴果室间开裂为 2，顶部窿起。

生境：生于沟谷、灌丛或丘陵坡地。

分布：分布于我国华南、东南、西南各省区。

A352 茜草科 Rubiaceae　耳草属 *Hedyotis* L.

粗毛耳草

Hedyotis mellii Tutcher

描述：草本。茎和枝近方柱形，幼时被毛。叶对生，纸质，卵状披针形，两面均被疏短毛，托叶阔三角形，被毛；花 4 数。蒴果椭圆形。花期 6~7 月。

生境：生于山地丛林或山坡上。

分布：分布于我国南方地区。

A352 茜草科 Rubiaceae　耳草属 ***Hedyotis*** **L.**

长节耳草

Hedyotis uncinella Hook. & Arn.

描述：草本。除花外无毛。叶卵状长圆形，长 3.5~7.5 cm，宽 1~3 cm，基部渐狭或下延。花近无梗，集成头状。蒴果阔卵形，果爿 2。

生境：生于干旱旷地上。

分布：分布于我国华南、西南地区。

A352 茜草科 Rubiaceae　龙船花属 ***Ixora*** **L.**

龙船花

Ixora chinensis Lam.

描述：灌木。叶纸质或稍厚，对生，披针形至长圆状倒披针形，长 6~13 cm；托叶基部合生成鞘状。稠密聚伞花序顶生。果近球形，对生。

生境：生于山地灌丛中和疏林下，我国南部普遍栽培。

分布：分布于我国华南、华东地区。

A352 茜草科 Rubiaceae　粗叶木属 *Lasianthus* Jack

罗浮粗叶木

Lasianthus fordii Hance

描述: 灌木，高 1~2 m。枝无毛。叶长圆状披针形，长 5~12 cm，宽 2~4 cm，尾尖，无毛或背面脉上被硬毛，侧脉 4~6 对。花簇生叶腋。果无毛。

生境: 生于海拔 150~1000 m 的林下。

分布: 分布于我国长江以南部分省区。

A352 茜草科 Rubiaceae　粗叶木属 *Lasianthus* Jack

日本粗叶木

Lasianthus japonicus Miq.

描述: 灌木。叶长圆形或披针状长圆形，长 9~15 cm，宽 2~3.5 cm，下面脉上被贴伏的硬毛。花常 2~3 朵簇生。核果球形，径约 5 mm。

生境: 生于低海拔至中海拔的山地林中。

分布: 分布于我国长江以南省区。

A352 茜草科 Rubiaceae　盖裂果属 *Mitracarpus* Zucc.

盖裂果

Mitracarpus hirtus (L.) DC.

描述：草本。茎上部四棱，被毛。叶长圆形或披针形，长3~4.5 cm，宽7~15 mm，叶面粗糙，被短毛，背面毛较密。花簇生。果球形，盖裂。

生境：生于公路荒地上。

分布：分布于我国华南地区。

A352 茜草科 Rubiaceae　巴戟天属 *Morinda* L.

鸡眼藤

Morinda parvifolia Bartl. ex DC.

描述：藤本。叶对生，倒卵形至倒卵状长圆形，长2~5 cm，宽0.3~3 cm，侧脉3~4对。花序2~9伞状排列。聚花果近球形，直径6~15 mm。

生境：生于丘陵地带。

分布：分布于我国华东、华南等省区。

A352 茜草科 Rubiaceae　巴戟天属 *Morinda* L.

羊角藤

Morinda umbellata L. subsp. obovata Y. Z. Ruan

描述：藤本。叶倒卵形、倒卵状披针形，长 6~9 cm，宽 2~3.5 cm，侧脉 4~5 对，上面常具蜡质。花序 3~11 伞状排列。聚花果直径 7~12 mm。

生境：生于丘陵山地的疏林或灌丛中。

分布：分布于我国华南、华中、华东地区。

A352 茜草科 Rubiaceae　玉叶金花属 *Mussaenda* L.

楠藤

Mussaenda erosa Champ. ex Benth.

描述：攀援灌木。叶对生，长圆形，长 6~12 cm，宽 3.5~5 cm；托叶三角形。伞房状多歧聚伞花序顶生；“花叶”阔椭圆形，长 4~6 cm，浆果。

生境：生于疏林中，常攀援于树冠上。

分布：分布于我国华南、华东、西南地区。

A352 茜草科 Rubiaceae　玉叶金花属 *Mussaenda* L.

粗毛玉叶金花

Mussaenda hirsutula Miq.

描述: 攀援灌木。小枝密被柔毛。叶椭圆形，长 7~13 cm，宽 2.5~4 cm，两面被柔毛。“ 花叶 ”阔椭圆形，长 4~4.5 cm。浆果果柄被毛。

生境: 生于山谷、溪边和旷野灌丛中，常攀援于林中树冠上。

分布: 分布于我国华南、华中、西南地区。

A352 茜草科 Rubiaceae　玉叶金花属 *Mussaenda* L.

广东玉叶金花

Mussaenda kwangtungensis H. L. Li

描述: 攀援灌木。小枝被短柔毛。叶披针状椭圆形，长 7~8 cm，宽 2~3 cm。聚伞花序顶生；“ 花叶 ”长圆状卵形，长 3.5~5 cm，宽 1.5~2.5 cm。

生境: 生于山地丛林中，常攀援于林冠上。

分布: 分布于我国华南地区。

A352 茜草科 Rubiaceae　玉叶金花属 *Mussaenda* L.

玉叶金花

Mussaenda pubescens W. T. Aiton

描述：攀援灌木。小枝密被短柔毛。叶卵状披针形，长 5~8 cm，宽 2.5 cm，上面近无毛，下面密被短柔毛。“花叶”阔椭圆形，长 2.5~5 cm。

生境：生于灌丛、沟谷或村旁。

分布：分布于我国长江以南省区。

A352 茜草科 Rubiaceae　腺萼木属 *Mycetia* Reinw.

华腺萼木

Mycetia sinensis (Hemsl.) Craib

描述：灌木。叶长圆状披针形，长 8~20 cm，宽 3~5 cm。聚伞花序顶生，单生或 2~3 个簇生；花萼外面被毛；花冠外面无毛。果近球形，径 4~4.5 mm。

生境：生于密林中。

分布：分布于我国长江以南部分省区。

A352 茜草科 Rubiaceae　蛇根草属 *Ophiorrhiza* L.

广州蛇根草

Ophiorrhiza cantonensis Hance

描述： 匍匐草本或亚灌木，高约 1.2 m。叶纸质，常长圆状椭圆形，全缘，叶长 12~16 cm。花序顶生；小苞片果时宿存。蒴果僧帽状。

生境： 生于海拔密林下沟谷边。

分布： 分布于我国华南、西南地区。

A352 茜草科 Rubiaceae　鸡矢藤属 *Paederia* L.

鸡矢藤

Paederia foetida L.

描述： 藤状灌木。叶对生，膜质，长 5~10 cm，宽 2~4 cm。圆锥花序腋生或顶生；花萼钟形；花冠紫蓝色。果阔椭圆形。

生境： 生于山地林中或林缘。

分布： 分布于我国黄河以南省区。

A352 茜草科 Rubiaceae　大沙叶属 *Pavetta* L.

大沙叶

Pavetta arenosa Lour.

描述：灌木。叶对生，膜质，长圆形至倒卵状长圆形，侧脉两面明显，托叶阔卵状三角形。花序顶生，花具芳香气味；花冠白色。浆果球形。花期4~5月。

生境：生于低海拔疏林内。

分布：分布于我国华南地区。

A352 茜草科 Rubiaceae　大沙叶属 *Pavetta* L.

香港大沙叶

Pavetta hongkongensis Bremek.

描述：灌木或小乔木。叶对生，膜质，长圆形，侧脉在下面凸起，托叶阔卵状三角形。花序生于侧枝顶部，萼管钟形，花冠白色。果球形。花期3~4月。

生境：生于山谷灌丛中。

分布：分布于我国华南、西南地区。

A352 茜草科 Rubiaceae　九节属 *Psychotria* L.

九节

Psychotria asiatica L.

描述：常绿灌木或小乔木。叶对生，革质，长圆形、椭圆状长圆形等，全缘，叶背仅脉腋内被毛。聚伞花序通常顶生。核果红色。

生境：常生于山地林中。

分布：分布于我国长江以南省区。

A352 茜草科 Rubiaceae　九节属 *Psychotria* L.

蔓九节

Psychotria serpens L.

描述：常绿攀缘或匍匐藤本。叶对生，纸质或革质，叶形变化很大，常呈卵形或倒卵形，长 0.7~9 cm。聚伞花序顶生。浆果状核果常白色。

生境：气根常攀附于树上或石上。

分布：分布于我国长江以南部分省区。

A352 茜草科 Rubiaceae　墨苜蓿属 *Richardia* L

墨苜蓿

Richardia scabra L.

描述：一年生草本。茎近圆柱形，被硬毛。叶厚纸质，两面粗糙，边上有缘毛；托叶鞘状。头状花序顶生；花冠白色，漏斗状或高脚碟状。花期春、夏季。

生境：耕地和旷野杂草中。

分布：原产于热带美洲。

A352 茜草科 Rubiaceae　丰花草属 *Spermacoce* L.

阔叶丰花草

Spermacoce alata Aubl.

描述：草本。茎和枝均为四棱柱形，棱上具狭翅。叶椭圆形或卵状长圆形，长2~7.5 cm，宽1~4 cm。花数朵丛生于托叶鞘内。蒴果椭圆形。

生境：生于路旁、村边和废墟荒地上。

分布：原产于南美洲。

A352 茜草科 Rubiaceae　丰花草属 *Spermacoce* L.

丰花草

Spermacoce pusilla Wall.

描述：草本。茎四棱柱形，节间延长。叶近无柄，革质，线状长圆形，两面粗糙。花丛生成球状生于托叶鞘内；花冠白色。蒴果。花、果期 10~12 月。

生境：生于低海拔草地和草坡。

分布: 分布于我国华东、华中、华南、西南地区。

A352 茜草科 Rubiaceae　钩藤属 *Uncaria* Schreb.

钩藤

Uncaria rhynchophylla (Miq.) Miq. ex Havil.

描述：木质藤本。叶无毛，纸质，椭圆形，长 5~12 cm，宽 3~7 cm，背面有白粉；托叶明显 2 裂，裂片狭三角形。花无梗。果序直径 1~1.2 cm。

生境：生于山谷、溪边或湿润灌丛中。

分布：分布于我国长江以南大部分省区。

A356 夹竹桃科 Apocynaceae　黄蝉属 *Allamanda* L.

黄蝉

Allamanda schottii Pohl

描述： 直立灌木，具乳汁。叶 3~5 枚轮生。聚伞花序顶生，花橙黄色，花萼深 5 裂，花冠漏斗状，具红褐色条纹。蒴果球形，具长刺。花期 5~8 月，果期 10~12 月。

生境： 多用于盆栽。

分布： 我国华南、华东等地区庭园间均有栽培。

A356 夹竹桃科 Apocynaceae　鸡骨常山属 *Alstonia* R. Br

糖胶树

Alstonia scholaris (L.) R. Br

描述： 乔木。枝轮生，具乳汁。叶 3~8 片轮生。花白色，聚伞花序；花冠高脚碟状。蓇葖 2，细长，线形。种子长圆形，红棕色。

生境： 生于低丘陵山地疏林中、路旁或水沟边。

分布： 分布于我国华南、西南地区。

A356 夹竹桃科 Apocynaceae　链珠藤属 *Alyxia* Banks ex R. Br.

链珠藤

Alyxia sinensis Champ. ex Benth.

描述： 藤状灌木。叶革质，对生或3片轮生，圆形至倒卵形，长1.5~3.5 cm，边缘反卷。聚伞花序腋生或近顶生。核果2~3颗组成念珠状。

生境： 生于灌丛中。

分布： 分布于我国长江以南省区。

A356 夹竹桃科 Apocynaceae　马利筋属 *Asclepias* L.

马利筋

Asclepias curassavica L.

描述： 多年生直立草本，灌木状，全株有白色乳汁。叶膜质，披针形。花冠紫红色；副花冠5裂，黄色，匙形。蓇葖披针形。花期几乎全年，果期8~12月。

生境： 我国华东、华南、华中、西南等地区均有栽培。

分布： 原产于西印度群岛。

A356 夹竹桃科 Apocynaceae　长春花属 *Catharanthus* G. Don

长春花

Catharanthus roseus (L.) G. Don

描述：半灌木，高达 60 cm。叶膜质，倒卵状长圆形，顶端浑圆，基部渐狭而成叶柄。聚伞花序腋生或顶生；花浅紫红色。蓇葖双生。

生境：我国西南、中南及华东等省区有栽培。

分布：原产于非洲东部。

A356 夹竹桃科 Apocynaceae　眼树莲属 *Dischidia* R. Br.

眼树莲

Dischidia chinensis Champ. ex Benth.

描述：藤本，常攀附于树上或石上。叶肉质，卵状椭圆形，长约 1.5 cm，宽约 1 cm；叶柄极短。聚伞花序腋生。蓇葖披针状圆柱形。

生境：生于山地潮湿杂木林中或山谷、溪边，攀附在树上或附生石上。

分布：分布于我国华南地区。

A356 夹竹桃科 Apocynaceae　夹竹桃属 *Nerium* L.

夹竹桃

Nerium oleander L.

描述： 常绿直立大灌木，高达 5 m。叶 3~4 枚轮生，下枝为对生。花冠为单瓣，微香，花萼裂片广展，花冠筒喉部鳞片顶端多裂。蓇葖 2，离生。

生境： 南方地区常见栽培。

分布： 我国各省区有栽培，以南方为多。

A356 夹竹桃科 Apocynaceae　鸡蛋花属 *Plumeria* L.

鸡蛋花

Plumeria rubra L.

描述： 落叶小乔木。枝条粗壮，带肉质，具乳汁。叶长 20~40 cm，宽 7~11 cm。聚伞花序顶生；花冠外面白色，内面黄色。蓇葖双生，广歧。

生境： 我国华东、华南、西南地区有栽培。

分布： 原产于墨西哥。

A356 夹竹桃科 Apocynaceae　络石属 ***Trachelospermum*** **Lem.**

络石

Trachelospermum jasminoides (Lindl.) Lem.

描述：常绿木质藤本。叶椭圆形至宽倒卵形，长 2~10 cm，宽 1~4.5 cm。雄蕊着生于膨大的花冠筒中部；花蕾顶端圆钝。蓇葖双生，叉开。

生境：攀附生于树干、岩石或墙上。

分布：分布于我国黄河以南省区。

A356 夹竹桃科 Apocynaceae　羊角拗属 ***Strophanthus*** **DC.**

羊角拗

Strophanthus divaricatus (Lour.) Hook. & Arn.

描述：灌木。叶椭圆状长圆形，长 3~10 cm。聚伞花序顶生，花黄色，花冠漏斗状，裂片顶端延长成一长尾。蓇葖果叉生，木质。种子有喙。

生境：生于丘陵山地的疏林或灌丛中。

分布：分布于我国华东、华南、西南地区。

A356 夹竹桃科 Apocynaceae　黄花夹竹桃属 *Thevetia* L.

黄花夹竹桃

Thevetia peruviana (Pers.) K. Schum.

描述： 乔木，全株具丰富乳汁。叶互生，无柄，线形或线状披针形。花大，黄色，具香味，顶生聚伞花序；花冠漏斗状。核果扁三角状球形。

生境： 我国华东、华南、西南地区有栽培。

分布： 原产于美洲热带地区。

A356 夹竹桃科 Apocynaceae　水壶藤属 *Urceola* Roxb.

杜仲藤

Urceola micrantha (Wall. ex G. Don) D. J. Middleton

描述： 攀援灌木。叶长 5~8 cm，宽 1.5~3 cm。聚伞花序总状；花小，水红色；花冠坛状。蓇葖基部膨大，向顶端渐狭尖。花期 3~6 月，果期 7~12 月。

生境： 生于山地林中。

分布： 分布于我国华南、西南地区。

A356 夹竹桃科 Apocynaceae　水壶藤属 *Urceola* Roxb.

酸叶胶藤

Urceola rosea (Hook. & Arn.) D. J. Middleton

描述：木质大藤本。叶有酸味，对生，阔椭圆形，两面无毛，背被白粉。聚伞花序圆锥状；花冠近坛状，对称。蓇葖2枚叉开近直线。

生境：生于山地杂木林中。

分布：分布于我国长江以南省区。

A357 紫草科 Boraginaceae　基及树属 *Carmona* Cav.

基及树

Carmona microphylla (Lam.) G. Don

描述：灌木。叶倒卵形或匙形，长1.5~3.5 cm，具粗圆齿。团伞花序开展；花萼被开展的短硬毛；花冠钟状，白色或稍带红色。核果。

生境：生于低海拔平原、丘陵及空旷灌丛处。

分布：分布于我国华南、华东地区。

A359 旋花科 Convolvulaceae　番薯属 *Ipomoea* L.

五爪金龙

Ipomoea cairica (L.) Sweet

描述：多年生缠绕草本。全体无毛，老茎有小瘤体。叶掌状5~7全裂，裂片卵状披针形。聚伞花序腋生；花紫色或白色。蒴果近球形。

生境：逸生于平地、山地村边、路边灌丛、林缘。

分布：原产于热带亚洲或非洲。分布于我国华南、华东及西南地区。

A359 旋花科 Convolvulaceae　番薯属 *Ipomoea* L.

牵牛

Ipomoea nil (L.) Roth

描述：一年生缠绕草本。茎、叶通常被刚毛。叶宽卵形或近圆形，3裂，叶面多少被刚毛。花腋生。蒴果近球形。种子卵状三棱形。

生境：生于山坡灌丛、干燥河谷路边、园边宅旁、山地路边。

分布：分布于除西北和东北部分省外的我国大部分地区。

A359 旋花科 Convolvulaceae　番薯属 *Ipomoea* L.

厚藤

Ipomoea pes-caprae (L.) R. Br.

描述：草质藤本。叶较大，长 3.5~9 cm，宽 3~10 cm，顶端二裂，侧脉 8~10 对；叶柄长 2~10cm。多歧聚伞花序；花萼外无毛。蒴果球形。

生境：生于沙滩上及路边向阳处。

分布：分布于我国华南、华东地区。

A359 旋花科 Convolvulaceae　番薯属 *Ipomoea* L.

三裂叶薯

Ipomoea triloba L

描述：草本。叶宽卵形至圆形，全缘或有粗齿或深 3 裂。1 朵花或聚伞花序腋生；花冠漏斗状，淡红色或淡紫红色。蒴果近球形。

生境：生于丘陵路旁、荒草地或田野。

分布：分布于我国华南、华东地区。

A359 旋花科 Convolvulaceae　茑萝属 *Quamoclit* Mill.

茑萝

Ipomoea quamoclit L.

描述：一年生柔弱缠绕草本，无毛。叶羽状深裂至中脉，具 10~18 对线形至丝状的平展的细裂片。聚伞花序腋生；花冠高脚碟状，深红色，5 浅裂。蒴果卵形。

生境：常见栽培绿篱植物。

分布：原产于南美洲。

A360 茄科 Solanaceae　夜香树属 *Cestrum* L

夜香树

Cestrum nocturnum L.

描述：灌木，高 2~3 m。枝条细长而下垂。叶矩圆状卵形，长 6~15 cm，宽 2~4.5 cm。伞房式聚伞花序，有极多花。浆果矩圆状。种子 1 颗。

生境：园林栽培在湿润及阳光充足的环境中。

分布：原产于南美洲，现广泛栽培于世界热带地区。

A360 茄科 Solanaceae　红丝线属 *Lycianthes* (Dunal) Hassl.

红丝线

Lycianthes biflora (Lour.) Bitter

描述：亚灌木，高 0.5~1.5 m。叶阔卵形或椭圆状卵形，长 5~10 cm，宽 2~7 cm。花序无柄，通常 2~3 朵着生于叶腋内；花萼 10 枚。浆果球形。

生境：生于山谷林边、沟边或荒野阳地上。

分布：分布于我国华中、华南及西南地区。

A360 茄科 Solanaceae　酸浆属 *Physalis* L.

酸浆

Alkekengi officinarum Moench

描述：多年生草本。叶长卵形或阔卵形，长 5~15 cm，宽 2~8 cm。花梗长 6~16 mm，开花时直立；花白色。浆果球状。种子肾形，长约 2 mm。

生境：生于旷地、园地或田边等处。

分布：我国南北地区均有种植，东北地区种植较广泛。

A360 茄科 Solanaceae　酸浆属 *Physalis* L.

苦蘵

Physalis angulata L.

描述：一年生草本。茎下部有棱，近无毛。叶卵形或卵状披针形，长 3~6 cm，宽 3~4 cm。花淡黄色，喉部常有紫色斑纹。浆果直径约 1.2 cm。

生境：生山谷林下及村边路旁。

分布：分布于我国华东、华中、华南及西南地区。

A360 茄科 Solanaceae　茄属 *Solanum* L.

少花龙葵

Solanum americanum Mill.

描述：草本。茎披散具棱，无刺。叶卵状椭圆形或卵状披针形，长 6~13cm，宽 2~4cm，被毛。伞形花序，有花 4~6 朵；花冠白色。果球形。

生境：生于田野、荒地及村庄附近旷地上。

分布：分布于我国华南、华东和云南。

A360 茄科 Solanaceae　茄属 *Solanum* L.

假烟叶树

Solanum erianthum D. Don

描述：小乔木，高 1.5~10 m。叶大而厚，卵状长圆形，长 10~29 cm，宽 4~12 cm。聚伞花序多花，总花梗长 3~10 cm。浆果球状，具宿存萼。

生境：生于荒山、荒地灌丛中。

分布：分布于我国华东、华南、西南地区。

A360 茄科 Solanaceae　茄属 *Solanum* L.

水茄

Solanum torvum Sw.

描述： 灌木。有刺，被星状毛。叶卵形或椭圆形，长 6~18 cm，宽 5~14 cm，背脉、叶柄有时有刺。伞房状聚伞花序。浆果球形。种子盘状。

生境： 生于村边、路旁、山坡或荒地。

分布: 分布于我国华南、东南地区及云南。

A366 木樨科 Oleaceae　女贞属 *Ligustrum* L.

小蜡

Ligustrum sinense Lour.

描述: 落叶灌木或小乔木。幼枝、叶、叶柄、花序轴及花梗被毛或无。叶纸质或薄革质，长 2~9 cm，宽 1~3.5 cm。圆锥花序顶生或腋生，塔形。果近球形。

生境： 生于山地疏林下或路旁、沟边。

分布： 分布于我国长江以南大部分省区。

A369 苦苣苔科 Gesneriaceae　线柱苣苔属 *Rhynchotechum* Blume

椭圆线柱苣苔

Rhynchotechum ellipticum (Wall. ex D. Dietr.) A. DC.

描述：亚灌木。叶对生，倒披针形或椭圆形， 长 9.5~20 cm，宽 3~9.5 cm，被锈色长毛。聚伞花序 2 至数个生叶腋。浆果球形，白色。

生境：生于山谷、沟边阴湿处。

分布：分布于我国华南、西南地区及福建。

A370 车前科 Plantaginaceae　过长沙舅属 *Mecardonia Ruiz* & Pav.

伏胁花

Mecardonia procumbens (Mill.) Small

描述：直立或铺散草本。多分枝，茎有棱。叶对生，叶小，边缘具锯齿，具腺点；无柄。总状花序顶生或腋生；小苞片 2；花冠黄色。

生境：生于旷野、路旁的草地上。

分布：原产于美洲，是一种新的外来归化植物。

A370 车前科 Plantaginaceae　车前属 *Plantago* L.

车前

Plantago asiatica L.

描述：草本，植株较小，高小于 30 cm。叶长 4~12 cm，宽 2.5~6.5 cm，两面疏生短柔毛，脉 5~7 条。花序 3~10 个。蒴果纺锤状卵形，周裂。

生境：生于村边路旁、沟边、田埂等处。

分布：我国各地广泛分布。

A373 母草科 Linderniaceae　母草属 *Lindernia* All.

母草

Lindernia crustacea (L.) F. Muell.

描述: 草本。茎无毛。叶卵形，长 1~2 cm，宽 5~11 mm。花常单生兼有顶生总状花序；花萼 5 中裂。果椭圆形或倒卵形，与宿萼近等长。

生境: 生于水稻田中、溪旁、沟边等湿润处。

分布: 分布于我国华东、华南、西南、华中等地区。

A377 爵床科 Acanthaceae　狗肝菜属 ***Dicliptera*** **Juss**

狗肝菜

Dicliptera chinensis (L.) Juss.

描述： 二年生草本。茎具6条钝棱，节膨大。叶卵状椭圆形，长2~7 cm，宽1.5~3.5 cm。聚伞花序；苞片大，阔卵形或近圆形；花粉色。

生境： 生于疏林、溪边、村边、路旁较阴处。

分布： 分布于我国华南、西南、华东等地区。

A377 爵床科 Acanthaceae　鳞花草属 *Lepidagathis* Willd.

鳞花草

Lepidagathis incurva Buch.-Ham. ex D. Don

描述： 草本。小枝4棱。叶纸质，长椭圆形至披针形，长4~10 cm，基部楔形。穗状花序；苞片顶段具刺状小凸起；花冠白色。蒴果无毛。

生境： 生于近村的草地或旷野、灌丛、干旱草地或河边沙地。

分布： 分布于我国华南、西南地区。

A378 紫葳科 Bignoniaceae　风铃木属 *Handroanthus* Mattos

黄花风铃木

Handroanthus chrysanthus (Jacq.) S.O.Grose

描述：乔木。掌状复叶对生，小叶 4 ~ 5 枚，倒卵形，有疏锯齿。花冠漏斗形，风铃状，花色鲜黄。蓇葖果，向下开裂。

生境：我国华南地区有栽培。

分布：原产于美洲。

A378 紫葳科 Bignoniaceae　菜豆树属 *Radermachera* Zoll. & Mor.

海南菜豆树

Radermachera hainanensis Merr.

描述：乔木。除花冠筒内面被柔毛外，全株无毛。叶为 1 至 2 回羽状复叶或小叶 5 片。花序腋生或侧生；花萼淡红色，筒状；花冠淡黄色，钟状。蒴果长达 40 cm。

生境：生于低山坡林中。

分布：分布于我国华南、西南地区。

A383 唇形科 Lamiaceae　大青属 *Clerodendrum* L.

灰毛大青

Clerodendrum canescens Wall.

描述： 灌木，全株密被灰色长柔毛。叶心形或阔卵形，长 6~18 cm，宽 4~15 cm，边缘粗齿。顶生花序；花冠白色变红色，花冠管长约 2 cm。

生境： 生于山坡路边或疏林中。

分布： 分布于我国长江以南大部分省区。

A392 冬青科 Aquifoliaceae　冬青属 *Ilex* L.

秤星树

Ilex asprella (Hook. & Arn.) Champ. ex Benth.

描述： 落叶灌木。叶膜质，在枝上互生，在短枝上簇生叶倒卵形，长 2~5 cm，宽 1~3.5 cm。花白色。果黑色，球形，直径 7 mm，4 分核。

生境： 生于山地疏林、丘陵灌丛、村边路旁或旷地上。

分布： 分布于我国长江以南省区。

A392 冬青科 Aquifoliaceae　冬青属 *Ilex* L.

毛冬青

Ilex pubescens Hook. & Arn.

描述：灌木。枝密被硬毛。叶椭圆形，长 2~6 cm，宽 1.5~3 cm，两面密被硬毛，有锯齿。花序簇生。果扁球形，直径 4 mm，6 分核。

生境：生于山坡、丘陵、林边、疏林或灌木丛中。

分布：分布于我国长江以南地区。

A403 菊科 Asteraceae　金纽扣属 *Spilanthes*

金纽扣

Acmella paniculata (Wall. ex DC.) R. K. Jansen

描述：一年生草本。茎多分枝。叶卵形或椭圆形，长 3~5 cm，宽 0.6~2 cm。头状花序单生，或圆锥状排列。瘦果长圆形，稍扁压。

生境：生于山地、路旁、田边、沟边、溪旁潮湿地、荒地及林缘。

分布：分布于我国华南地区以及云南、台湾。

A403 菊科 Asteraceae　艾纳香属 *Blumea* DC.

柔毛艾纳香

Blumea axillaris (Lam.) DC.

描述：草本。茎具沟纹，被毛。下部叶有长达 1~2 cm 的柄，倒卵形；中部叶具短柄，倒卵形至倒卵状长圆形；上部叶渐小，近无柄。瘦果圆柱形。

生境：生于田野或空旷草地。

分布：分布于我国长江以南大部分省区。

A403 菊科 Asteraceae　艾纳香属 *Blumea*

东风草

Blumea megacephala (Randeria) C. C. Chang & Y. Q. Tseng

描述：攀援植物。叶卵形、卵状长圆形或长椭圆形，长 7~10 cm，宽 2.5~4 cm。花序少数，直径 15~20 mm，排成总状式。瘦果圆柱形，有 10 条棱。

生境：生于山谷灌丛中或林缘。

分布：分布于我国长江以南省区。

菊科 Asteraceae　飞机草属 *Chromolaena*

飞机草

Chromolaena odorata (L.) R. M. King & H. Rob.

描述：亚灌木。枝粗壮。叶近三角形或卵状三角形，长 4~10 cm，宽 1.5~5 cm。总苞长筒形；花冠檐部扩大成钟状，瘦果有 5 棱；冠毛刚毛状。

生境：入侵物种。

分布：原产于墨西哥。

A403 菊科 Asteraceae　一点红属 *Emilia* Cass

黄花紫背草

Emilia praetermissa Milne-Redhead

描述：一年生草本，可达 140 cm。叶片宽卵形，长 4~6 cm，宽 4.5~6 cm。头状花序排成伞房花序，很少单生。瘦果长约 3 mm，被短柔毛。

生境：生长于荒草地、道路旁。

分布：原产于热带非洲。

A403 菊科 Asteraceae　假泽兰属 *Mikania* Willd.

微甘菊

Mikania micrantha Kunth in Humb.&al.

描述：茎圆柱状，有时管状，具棱。叶薄，淡绿色，卵心形或戟形，茎生叶大多箭形或戟形。圆锥花序顶生或侧生，复花序聚伞状分枝。瘦果黑色。

生境：入侵物种。

分布：原产于加勒比海、中南美洲和墨西哥。

A403 菊科 Asteraceae　阔苞菊属 *Pluchea* Cass.

翼茎阔苞菊

Pluchea sagittalis (Lam.) Cabrera

描述：一年生草本植物，茎直立，全株被浓密的茸毛。叶为广披针形，上下两面具茸毛，互生，无柄；叶基部向下延伸到茎部的翼。瘦果褐色，圆柱形。

生境：生于路旁、田边、沟边或湿润草地上。

分布：原产于美洲中部和南部以及加勒比海。

A403 菊科 Asteraceae　蟛蜞菊属 *Wedelia*

蟛蜞菊

Sphagneticola calendulacea (L.) Pruski

描述：草本。叶对生，椭圆形，长 3~7 cm，宽 0.7~1.3 cm；托片顶端渐尖。花序直径 1.5~2 cm；总花梗长 3~10 cm。果冠毛环具细齿。

生境：生于路旁、田边、沟边或湿润草地上。

分布：分布于我国东北部、东部和南部各省区及其沿海岛屿。

A403 菊科 Asteraceae　黄鹌菜属 *Youngia* Cass.

黄鹌菜

Youngia japonica (L.) DC.

描述：一年生直立草本，植株被毛。基生叶多形，大头羽状深裂或全裂；无茎叶或有茎叶 1~2，同形并分裂。花序含 10~20 枚舌状小花。瘦果无喙。

生境：生于村边、路旁或荒地上。

分布：分布于我国南北大部分省区。

A408 五福花科 Adoxaceae　荚蒾属 *Viburnum* L.

珊瑚树

Viburnum odoratissimum Ker .– Gawl.

描述：常绿灌木或小乔木。叶椭圆形，长 7~20 cm，宽 3.5~8 cm，背面脉腋有趾蹼状小孔。圆锥花序；总花梗长可达 10 cm。果浑圆。

生境：生于山谷密林中溪涧旁阴凉处、疏林中向阳地和平地灌丛中。

分布：分布于我国华南地区及福建。

A414 五加科 Araliaceae　楤木属 *Aralia* L.

黄毛楤木

Aralia chinensis L.

描述：灌木或乔木。枝、叶、伞梗密被黄色茸毛且具皮刺。二回羽状复叶，小叶革质。伞形花序再组成圆锥花序，二回羽状。果球形。

生境：生于山谷林中或林缘、路边灌丛中。

分布：分布于我国长江以南部分省区。

A416 伞形科 Apiaceae　积雪草属 *Centella* L.

积雪草

Centella asiatica (L.) Urb.

描述：多年生匍匐草本。单叶，膜质至草质，圆形、肾形或马蹄形，直径2~4 cm，边缘有钝锯齿。伞形花序聚生于叶腋。果圆球形。

生境：生于潮湿路旁、田边或草地上。

分布：分布于我国黄河以南省区。

A416 伞形科 Apiaceae　天胡荽属 *Hydrocotyle* L.

南美天胡荽

Hydrocotyle verticillata

描述：茎细长，分枝，节上生根。叶互生；叶片膜质，圆形或肾形，12~15 浅裂。花小，两性；复伞花序单生于节上，长 10~30 cm；小伞形花序有花 4~ 14 朵。

生境：生于浅水边或湿地。

分布：原产于欧洲、北美洲、非洲。

中文名称索引

J

Z

学名索引

D

E

F

G

T

U

V

W

Y

Z